すみっコぐらし™

小学1・2年のたんいずけい総復習ドリル

しろくま

北からにげてきた、さむがりで
ひとみしりのくま。あったかい
お茶をすみっこでのんでいる
ときがおちつく。

ぺんぎん？

じぶんはぺんぎん？
じしんがない。
むかしはあたまにお皿が
あったような…。

とんかつ

とんかつのはじっこ。
おにく1％、しぼう99％。
あぶらっぽいから
のこされちゃった…。

ねこ

はずかしがりやのねこ。
気が弱く、よくすみっこを
ゆずってしまう。

とかげ

じつは、きょうりゅうの
生きのこり。
つかまっちゃうので
とかげのふりをしている。

 この　ドリルの　つかい方 

1 ドリルを　した
日にちを　書きましょう。

2 答えは　ていねいに
書きましょう。

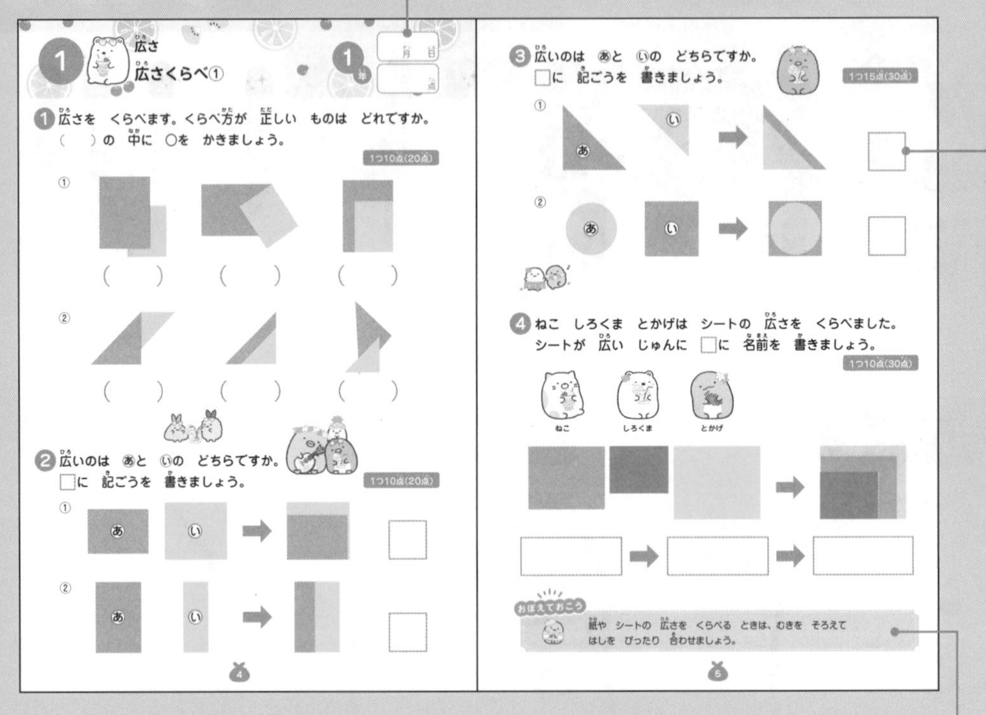
1 広さ
広さくらべ①
月　日
点

1 広さを　くらべます。くらべ方が　正しい　ものは　どれですか。
（　）の　中に　○を　かきましょう。
1つ10点(20点)

2 広いのは　あと　いの　どちらですか。
□に　記ごうを　書きましょう。
1つ10点(20点)

4

3 広いのは　あと　いの　どちらですか。
□に　記ごうを　書きましょう。
1つ15点(30点)

4 ねこ　しろくま　とかげは　シートの　広さを　くらべました。
シートが　広い　じゅんに　□に　名前を　書きましょう。
1つ10点(30点)

ねこ　しろくま　とかげ

おぼえておこう
紙や　シートの　広さを　くらべる　ときは、むきを　そろえて
はしを　ぴったり　合わせましょう。

5

4 おわったら　おうちの　方に
答え合わせを　して　もらい、
点数を　つけて　もらいましょう。

3 算数の　大切な　きまりを
まとめた　せつ明を
よく　読みましょう。

※問題に出てくる場面設定は、ドリル用に作成したものです。すみっコぐらしのキャラクター設定とは関係ありません。

おうちの方へ

●このドリルでは、1・2年生で学習する算数のうち、単位と図形を中心に学習できます。
●学習指導要領に対応しています。
●答えは 74 ～ 79 ページにあります。
●1回分の問題を解き終えたら、答え合わせをしてあげてください。
●まちがえた問題は、しっかり復習させてください。
●「すみっコぐらし学習ドリルシリーズ」とあわせて確認すると、より定着します。

もくじ

1 広さ
広さくらべ①

❶ 広さを　くらべます。くらべ方が　正しい　ものは　どれですか。
(　　)の　中に　○を　かきましょう。

1つ10点(20点)

①

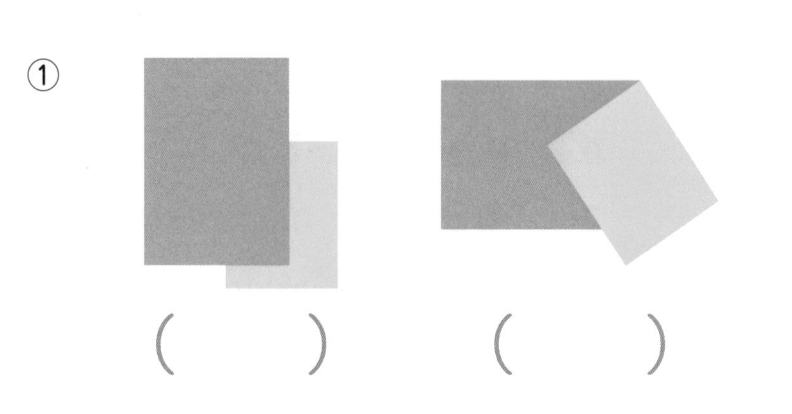

(　　)　(　　)　(　　)

②

(　　)　(　　)　(　　)

❷ 広いのは　あと　いの　どちらですか。
□に　記ごうを　書きましょう。

1つ10点(20点)

①

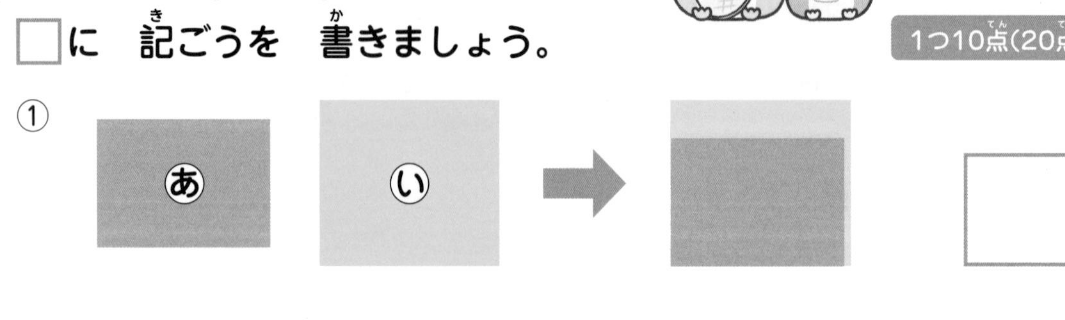

②

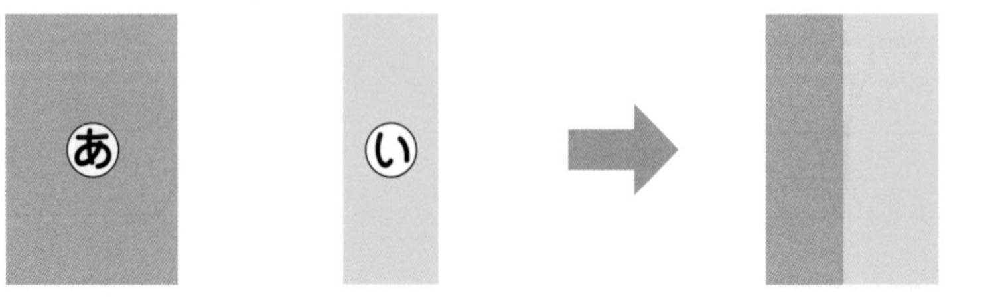

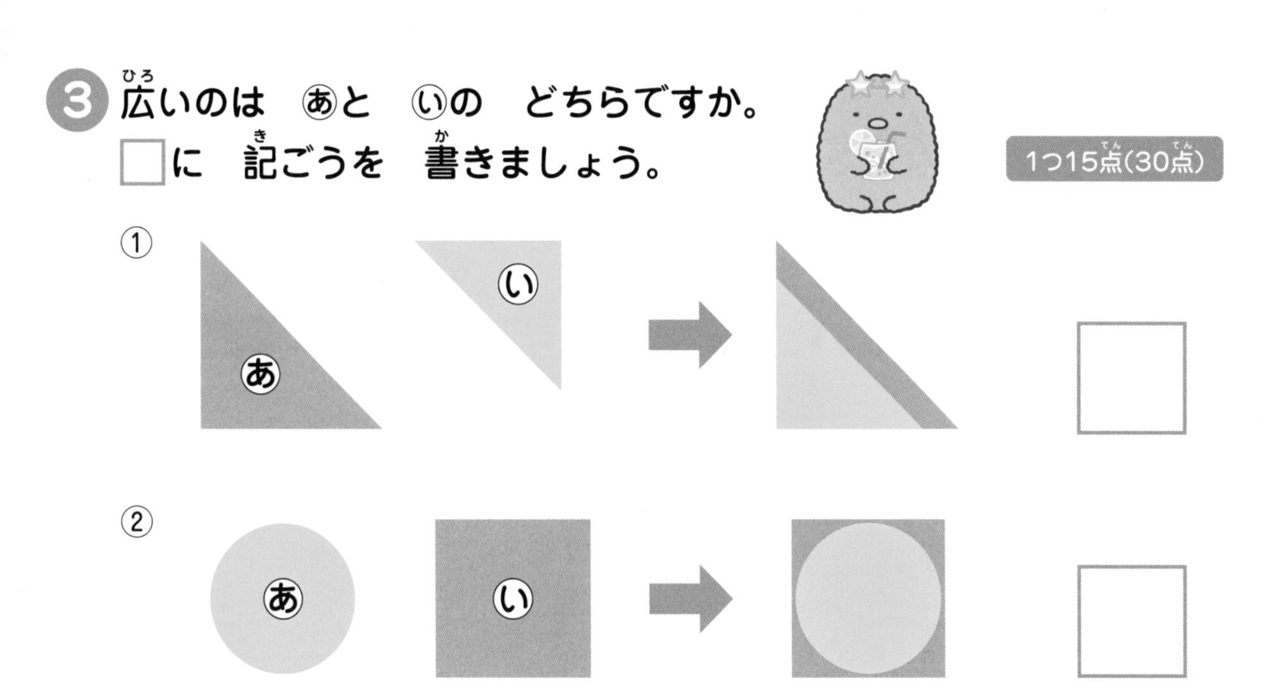

3 広いのは　あと　いの　どちらですか。
□に　記ごうを　書きましょう。

1つ15点(30点)

①

②

4 ねこ　しろくま　とかげは　シートの　広さを　くらべました。
シートが　広い　じゅんに　□に　名前を　書きましょう。

1つ10点(30点)

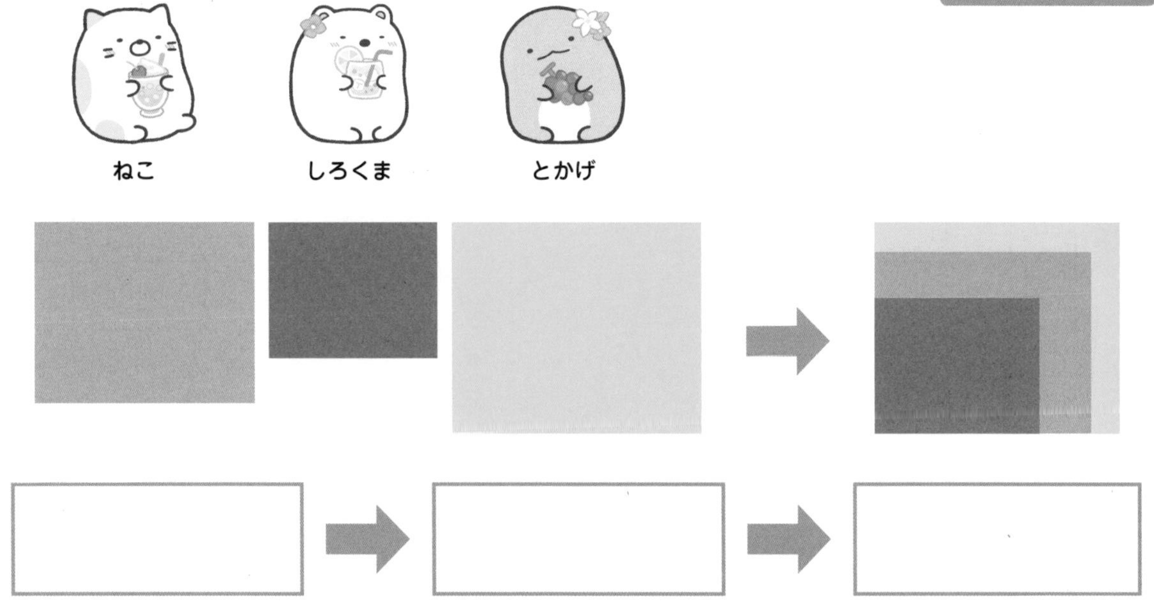

おぼえておこう

紙や　シートの　広さを　くらべる　ときは、むきを　そろえて
はしを　ぴったり　合わせましょう。

2 広さ

広さくらべ②

1 カード　何まい分の　広さですか。
□に　当てはまる　数字を　書きましょう。　1つ5点(10点)

①

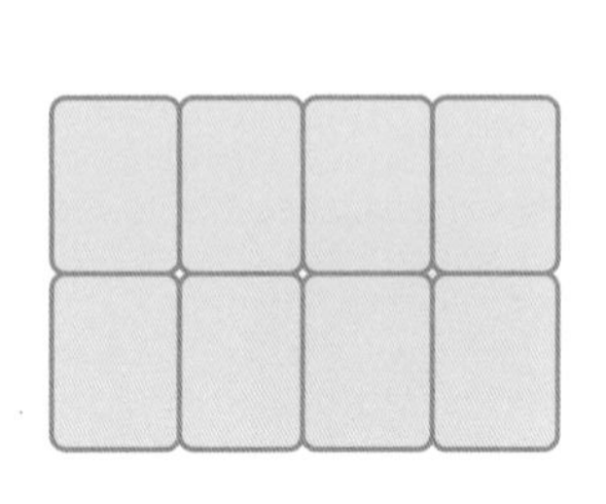

②

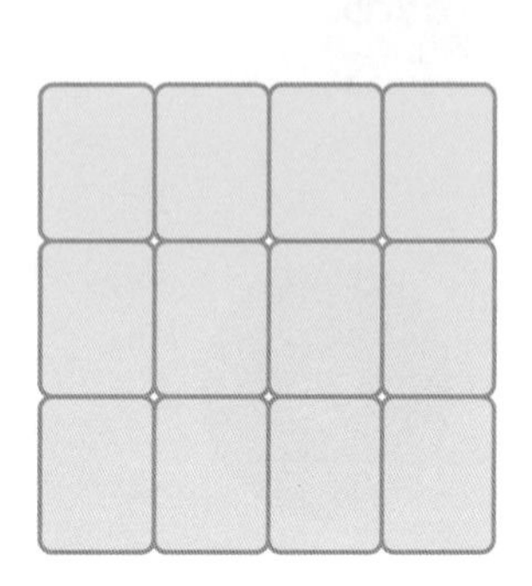

① カード □ まい分の　広さ。　② カード □ まい分の　広さ。

2 色の　ついて　いる　ますを　数えて、□の　中の　図と
同じ　広さの　ものを　えらび、(　)に　○を　かきましょう。　1つ10点(20点)

①

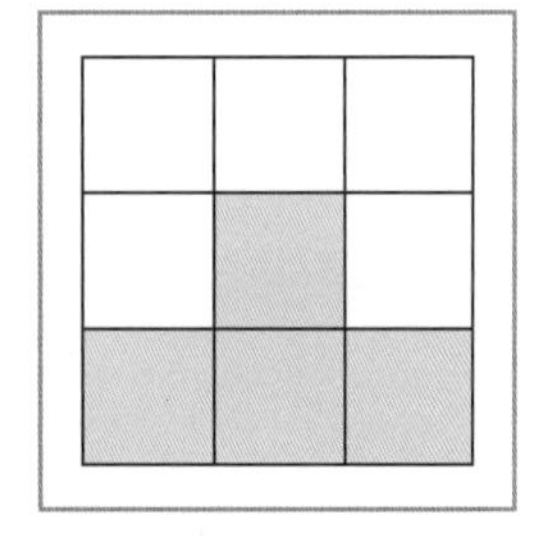

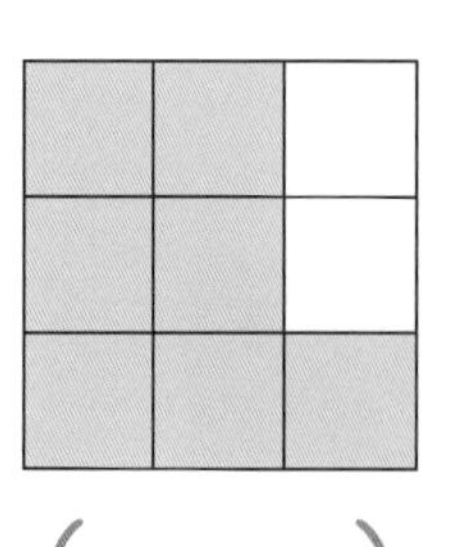
(　　)

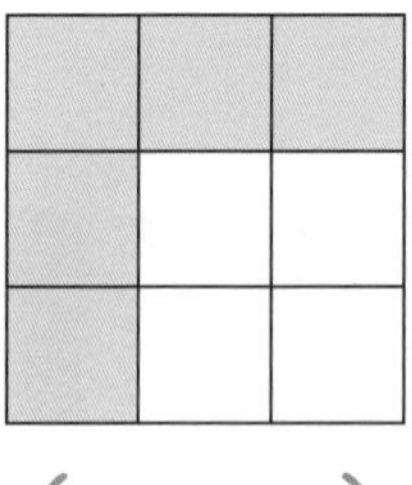
(　　)

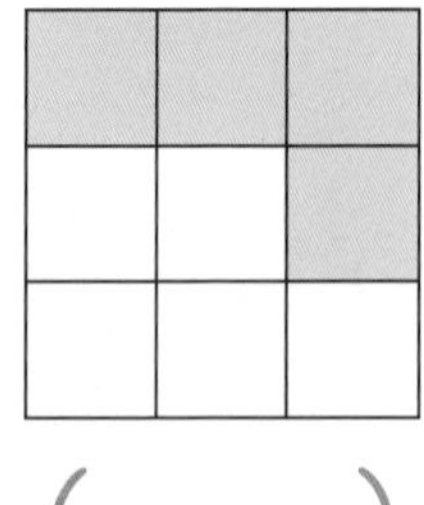
(　　)

②

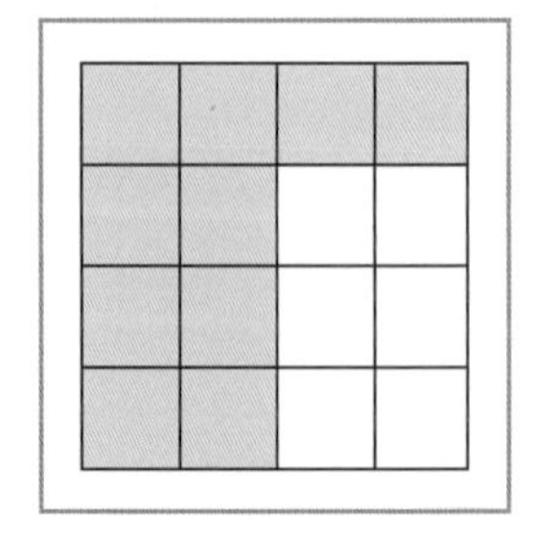

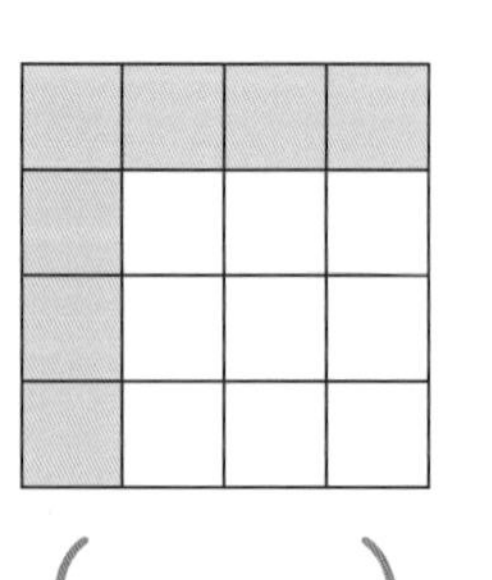
(　　)

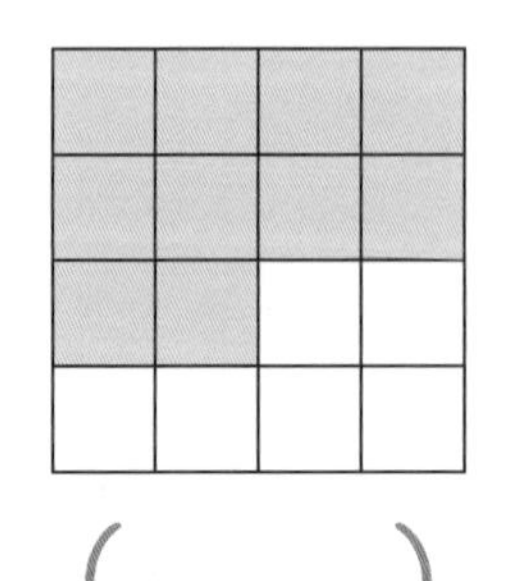
(　　)

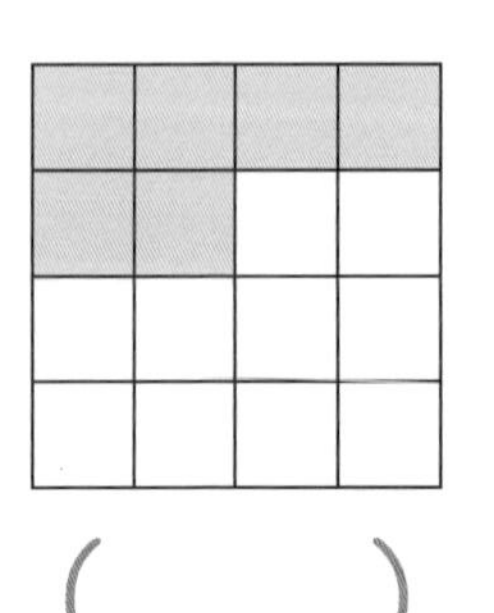
(　　)

③ どちらの　ほうが　何ます分　広いですか。□に　当てはまる　色と　数字を　書きましょう。

1つ15点(30点)

①

の　ほうが

ます分　広い。

②

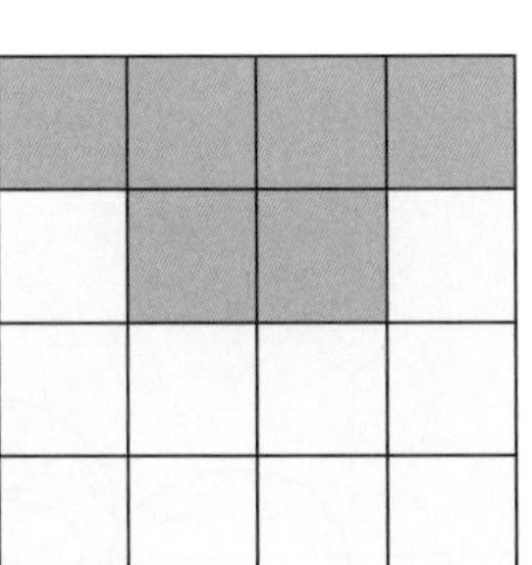

の　ほうが

ます分　広い。

④ 青色の　形が　広いのは　どちらですか。(　　)に　○を　かきましょう。

40点

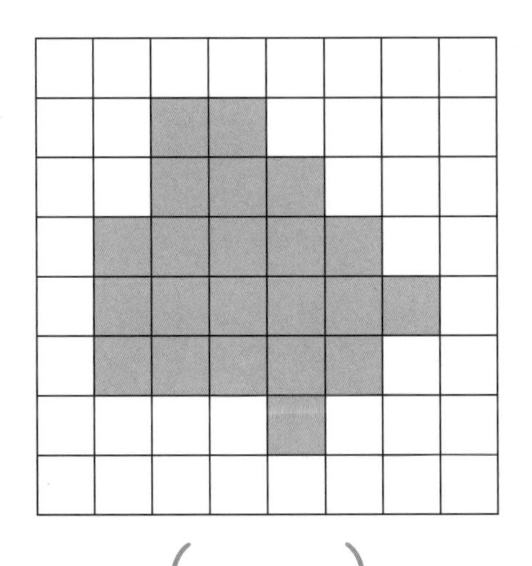

(　　　)

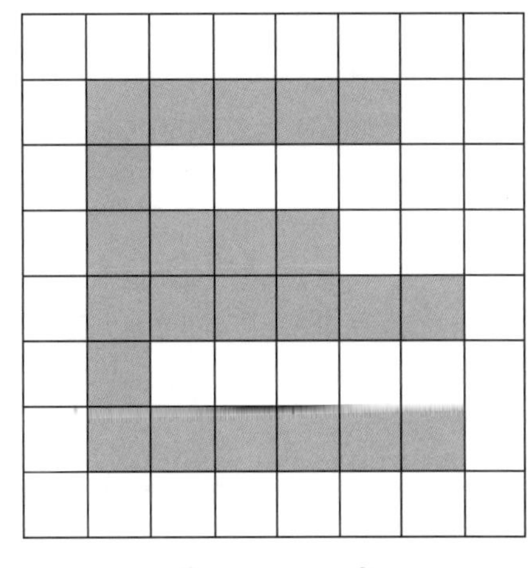

(　　　)

おぼえておこう

色の　ついて　いる　ますの　数を　数えると、形が　ちがって　いても　広さを　くらべる　ことが　できます。

3 長さ

長さくらべ①

1 長さを　くらべます。くらべ方が　正しい　ものは　どれですか。
（　　）の　中に　○を　かきましょう。

10点

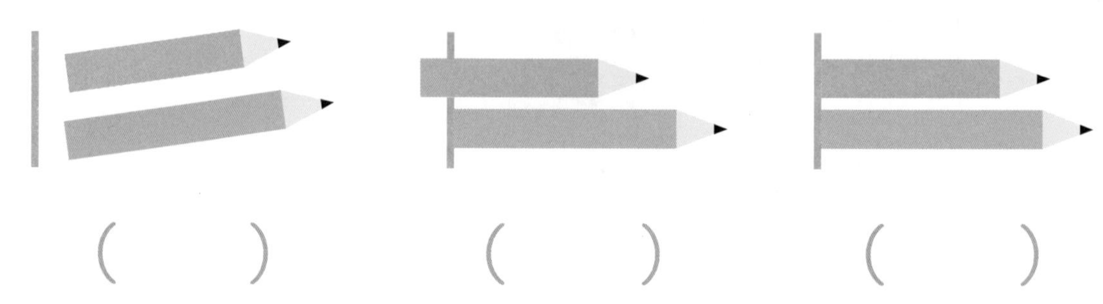

（　　）　（　　）　（　　）

2 どちらの　ほうが　長いですか。
長い　ほうの　（　　）に　○を　かきましょう。

1つ10点(30点)

①

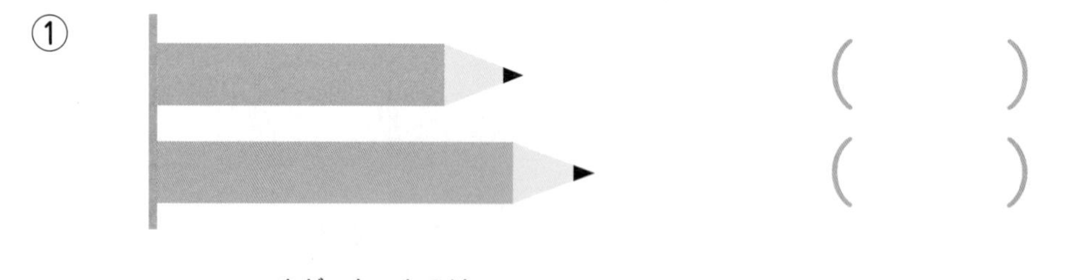

（　　）
（　　）

まがった　ものは、
ぴんと　のばすと　長く　なります。

②

（　　）
（　　）

③

（　　）
（　　）

3 画用紙を　おって　たてと　よこの　長さを　くらべました。
長いのは　たてと　よこの　どちらですか。
□に　答えを　書きましょう。

1つ10点(20点)

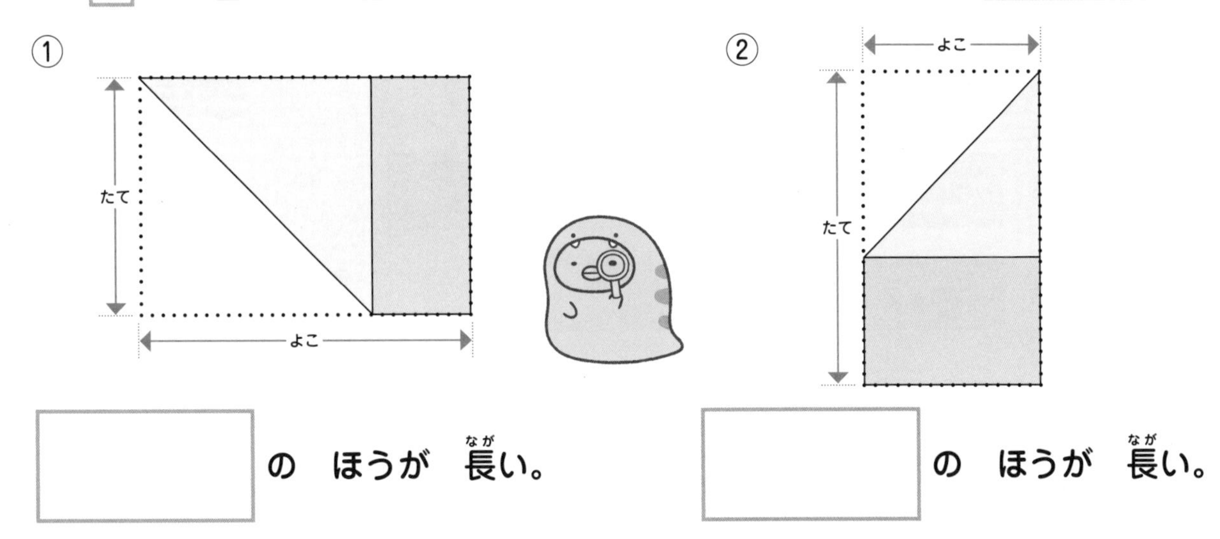

① □ の　ほうが　長い。

② □ の　ほうが　長い。

4 紙テープを　つかって　たてと　よこの　長さを　くらべました。
長いのは　たてと　よこ　どちらですか。
□に　答えを　書きましょう。

1つ20点(40点)

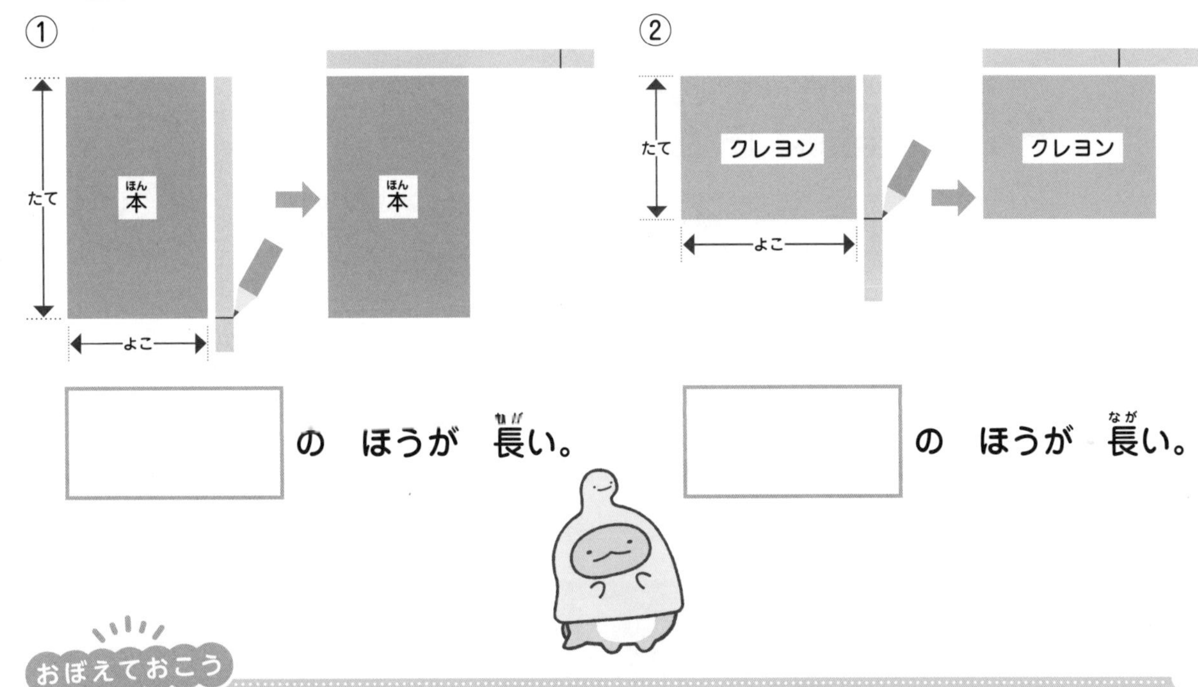

① □ の　ほうが　長い。

② □ の　ほうが　長い。

おぼえておこう

長さを　くらべる　ときは、
はしを　ぴったり　そろえましょう。

長さ
長さくらべ②

1 長いのは あと いの どちらですか。
□に 記ごうを 書きましょう。

1つ10点(20点)

① あ ブロック
　 い ブロック

□

② あ ブロック
　 い ブロック

□

2 どちらの ほうが どれだけ 長いですか。
□に 当てはまる 記ごうと 数字を 書きましょう。

1つ10点(20点)

① あ ブロック
　 い ブロック

□ の ほうが ブロック □ こ分 長い。

② あ けしゴム
　 い けしゴム

□ の ほうが けしゴム □ こ分 長い。

❸ 下の　図を　見て　答えましょう。

1つ15点(60点)

1ますの　大きさは　すべて　同じ　大きさです。

えんぴつ

のり

クレヨン

けしゴム

① えんぴつは　ます　いくつぶんの　長さですか。　□ つぶん

② のりは　ます　いくつぶんの　長さですか。　□ つぶん

③ のりと　けしゴムでは　どちらが　ますの　いくつぶん長いですか。

□ の　ほうが　ます　□ つぶん　長い。

④ えんぴつと　クレヨンでは　どちらが　ますの　いくつぶん長いですか。

□ の　ほうが　ます　□ つぶん　長い。

おぼえておこう

同じ　大きさの　ものや　ますを　つかうと
長さを　数で　あらわす　ことが　できます。

1 長さを　正しく　はかって　いるのは　どれですか。
（　）に　○を　かきましょう。

20点

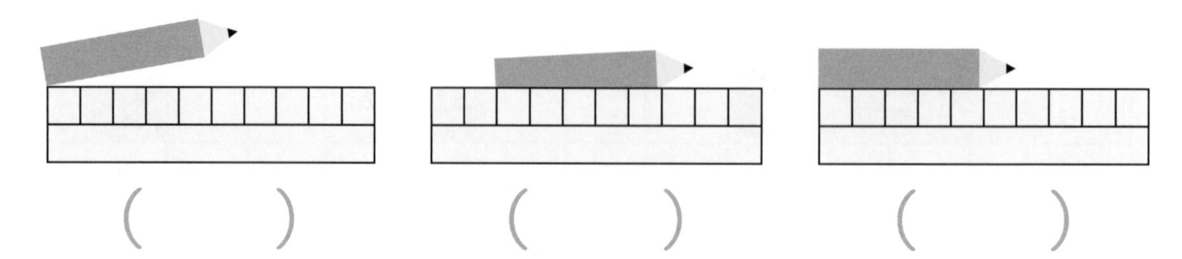

（　　）　（　　）　（　　）

2 えんぴつの　長さは　何cmですか。
□に　数字を　書きましょう。

1つ10点（20点）

①

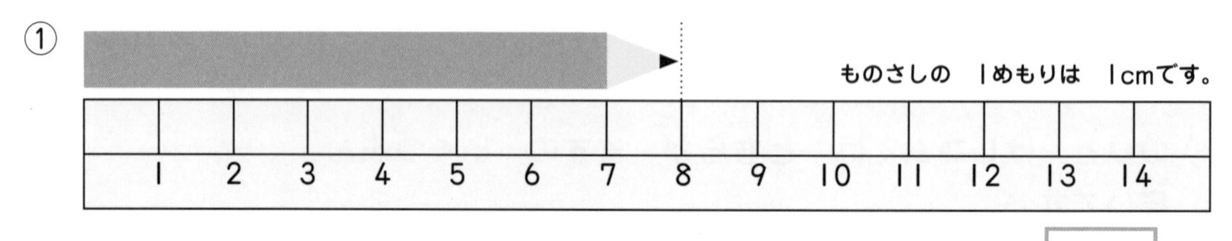

□ cm

②

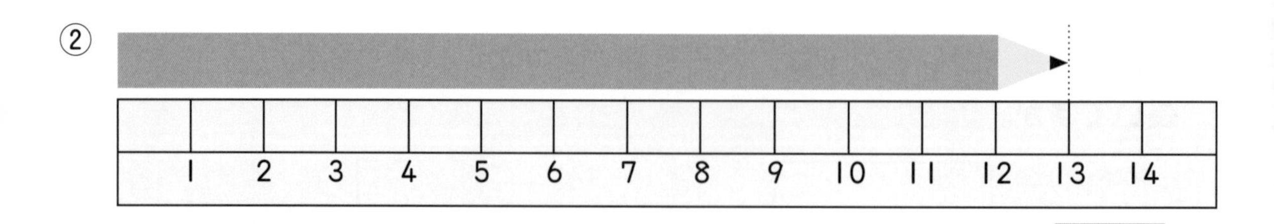

□ cm

3 ものさしを　つかって　直線の　長さを　はかり、□に　答えを　書きましょう。

1つ10点(30点)

① ★直線の　左の　はしを　ものさしの　0の　めもりに　合わせましょう。

□ cm

②

□ cm

③

□ cm

4 ものさしを　つかって　下の　画用紙の　たてと　よこの　長さを　はかり、□に　当てはまる　答えを　書きましょう。

ぜんぶできて30点

よこ
たて

たての　長さ…　□ cm

よこの　長さ…　□ cm

□ の　ほうが　□ cm　長い。

おぼえておこう

長さは　1センチメートルが　いくつ分　あるかで　あらわします。
センチメートルは　長さの　たんいで　cmと　書きます。

6 長さ 長さの　たんい②

1 左はしから、↓までの　長さは　何mmですか。□に　当てはまる　数字を　書きましょう。

1つ10点(30点)

①
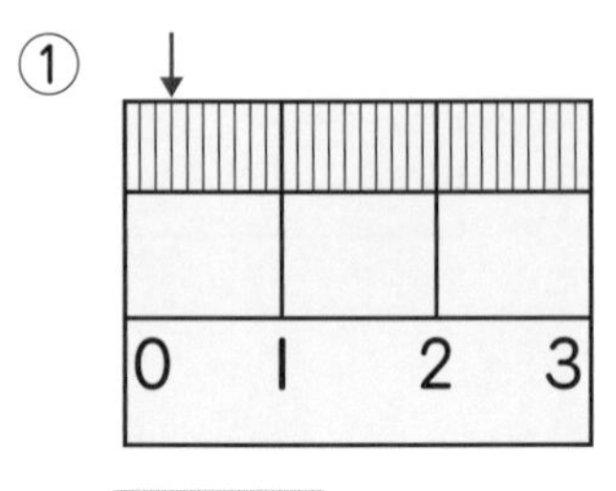

②
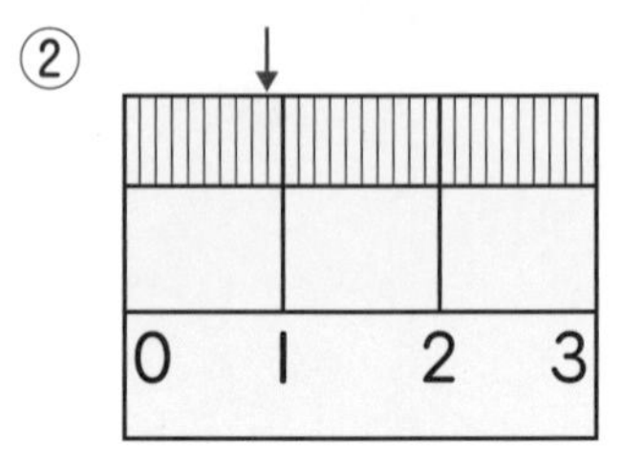
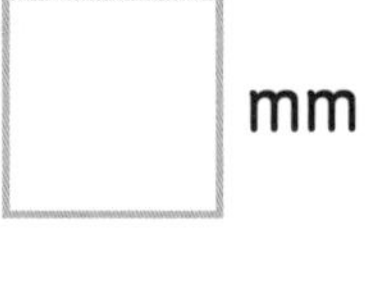

③
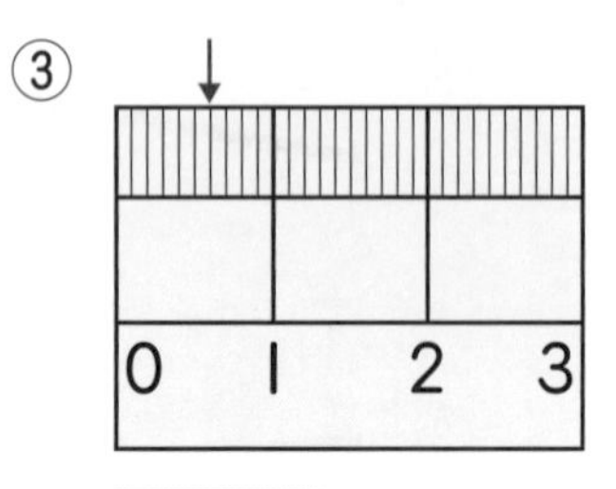

2 左はしから、↓までの　長さは　何cm何mmですか。□に　当てはまる　数字を　書きましょう。

1つ5点(20点)

①
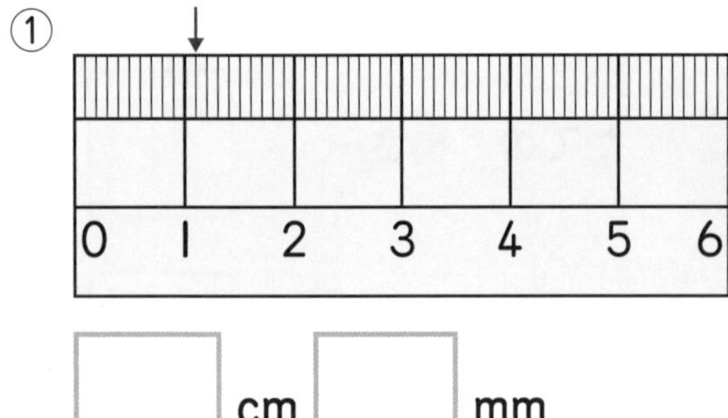
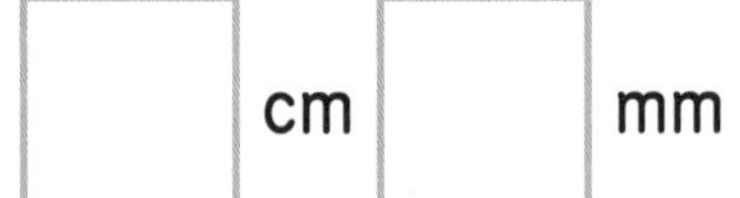

②
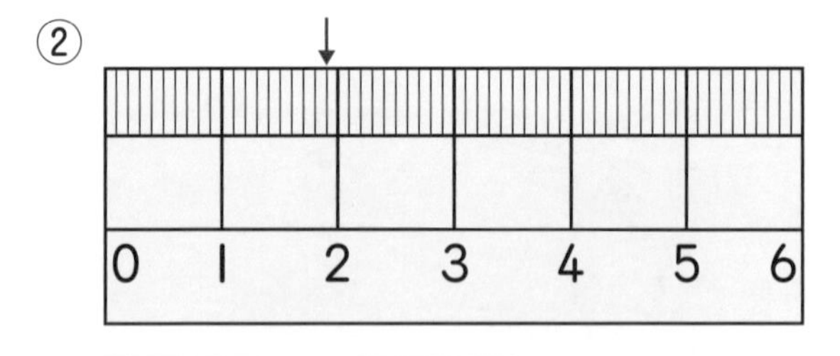
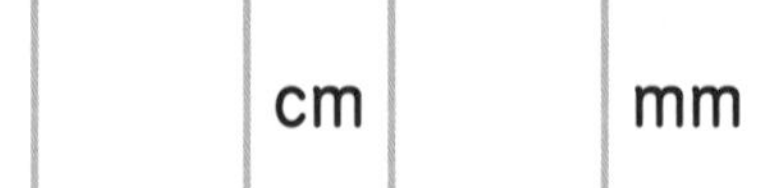

③

④

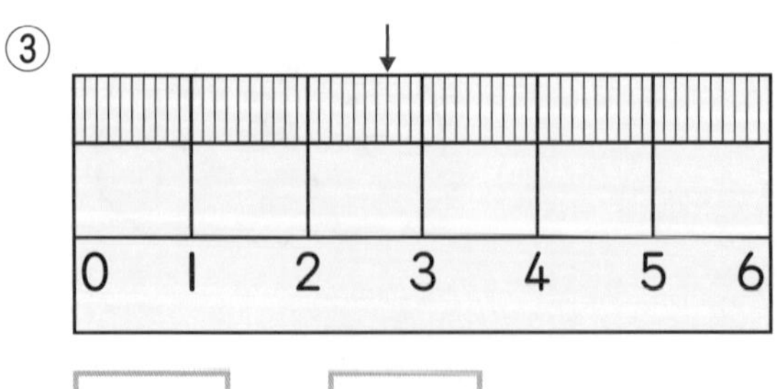
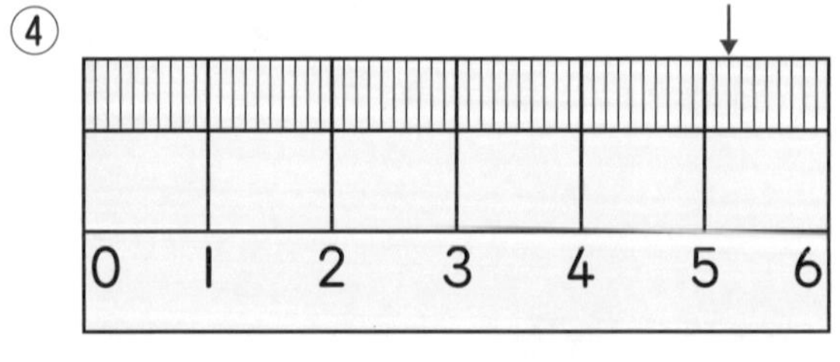

3 つぎの　直線は　何cm何mmですか。
ものさしを　つかって　長さを　はかりましょう。　1つ10点(20点)

①

□ cm □ mm

②

□ cm □ mm

4 つぎの　長さの　直線を　ものさしを　つかって
(　　　)の　中に　ひきましょう。　1つ10点(20点)

① 5cm 5mm

(　　　　　　　　　　　　　　　)

② 11cm 2mm

(　　　　　　　　　　　　　　　)

5 スタートから、10cm5mmの　•に　いるのは　だれですか。
ものさしで　……の　長さを　はかり、
答えを　□に　書きましょう。　10点

スタート

ねこ

ぺんぎん？

とかげ

□

おぼえておこう

1cmを　同じ　長さに　10に　分けた　1つぶんを　1ミリメートルと
いいます。ミリメートルも　長さの　たんいで　mmと　書きます。

7 長さ 長さの　たんい③

1 30cmの　ものさしを　4つ　ならべて　います。左はしから↓までの　長さは　何cmですか。□に　数字を　書きましょう。

1つ5点(15点)

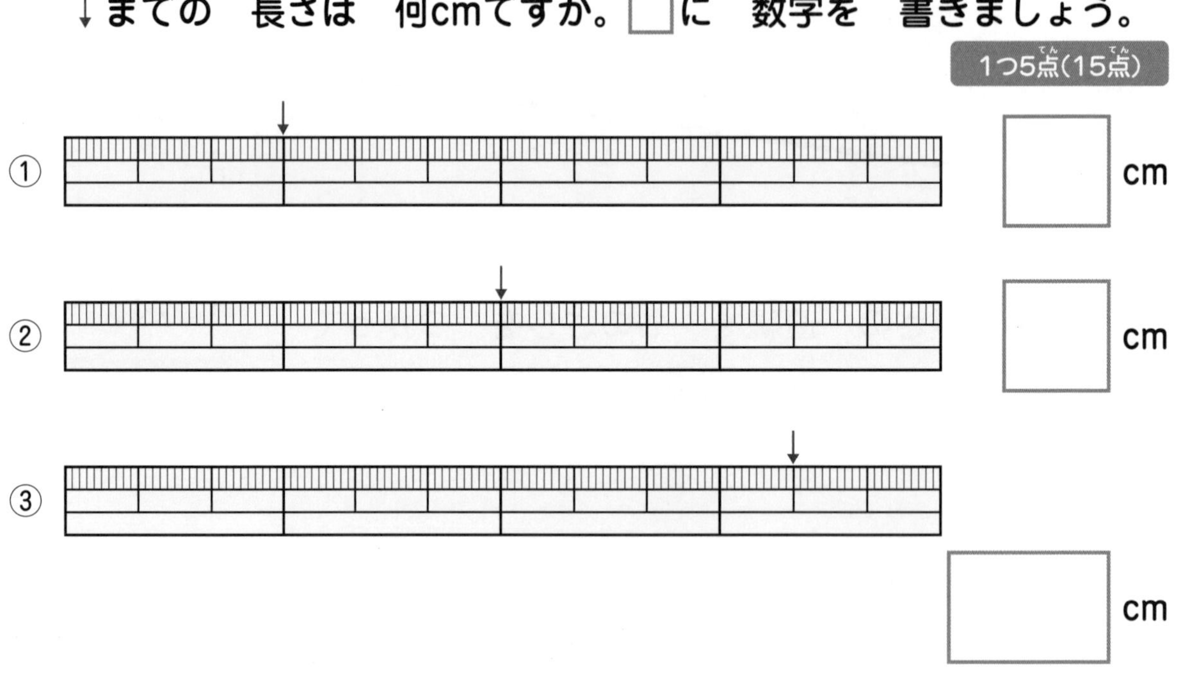

① □ cm

② □ cm

③ □ cm

2 □に　当てはまる　数字を　書きましょう。

1つ5点(15点)

① 1mの　ものさしの　長さは □ cmです。

② 1mは　30cmの　ものさし □ つと □ cmの　長さです。

③ 1mの　ものさし　2つ分の　長さは □ mです。

3 1mの　ものさしを　2つ　ならべて　います。左はしから　↓までの　長さは　何m何cmですか。□に　数字を　書きましょう。

1つ10点(30点)

① □m □cm

② □m □cm

③ □m □cm

4 □に　当てはまる　数字を　書きましょう。

1つ10点(20点)

① 1mの　ものさし　3つ分と　30cmの　ものさし　1つ分の　長さは

□m □cmです。

② 1mの　ものさし　5つ分と　30cmの　ものさし　3つ分の　長さは

□m □cmです。

5 □に　当てはまる　たんいを　線で　むすびましょう。

ぜんぶできて20点

えんぴつの　長さ	12□ ●	● m
プールの　長さ	25□ ●	● mm
ノートの　あつさ	5□ ●	● cm

おぼえておこう

長い　ものの　長さを　あらわす　ときは、メートルと　いう　たんいを　つかいます。メートルは　mと　書き、1mは　100cmです。

長さ
長さの　たんい④

1 □に　当てはまる　数字を　書きましょう。　1つ5点(10点)

① 30mmは　10mmが  □ つなので

□ cmに　なります。

② 85mmは　10mmが  □ つと　5mmなので、

 □ cm □ mmに　なります。

2 □に　当てはまる　数字を　書きましょう。　1つ5点(40点)

① 10mm = □ cm

② 20mm = □ cm

★10mmが　2こ分と　考えると…

③ 100mm = □ cm

★10mmが　10こ分と　考えると…

④ 220mm =  □ cm

⑤ 5cm = □ mm

★10mmが　5こ分と　考えると…

⑥ 13cm = □ mm

⑦ 66mm = □ cm □ mm

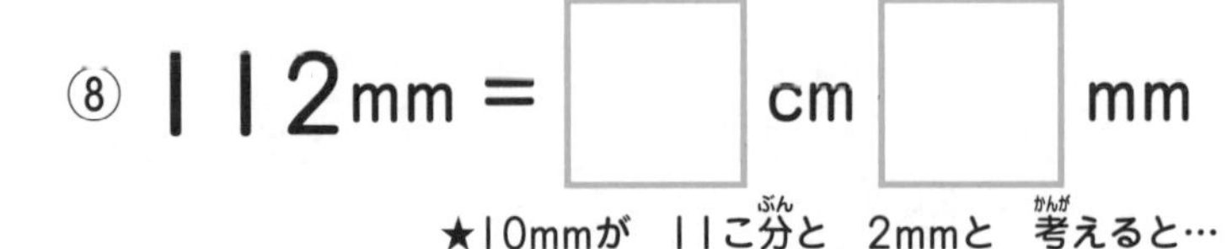

⑧ 112mm = □ cm □ mm

★10mmが　11こ分と　2mmと　考えると…

3 □に 当てはまる 数字を 書きましょう。

1つ5点(10点)

① 200cmは 100cmが  □ つなので

□ mに なります。

② 350cmは 100cmが □ つと 50cmなので、

□ m □ cmに なります。

4 □に 当てはまる 数字を 書きましょう。

1つ5点(40点)

① 100cm = □ m

② 300cm = □ m

★100cmが 3こ分と 考えると…

③ 900cm = □ m

④ 5m = □ cm

★100cmが 5こ分と 考えると…

⑤ 8m = □ cm

⑥ 10m = □ cm

⑦ 820cm = □ m □ cm

★100cmが 8こ分と 20cmと 考えると…

⑧ 281cm = □ m □ cm

おぼえておこう

長さの たんいは 大きな たんいや 小さな たんいに おきかえる ことが できます。1cm=10mm 1m=100cm

9 長さ
長さの　たし算と　ひき算①

1 長さの　たし算を　しましょう。

1つ4点(20点)

① 2cm ＋ 2cm ＝ □ cm

★(2＋2) cmの　長さ

② 7cm ＋ 4cm ＝ □ cm

③ 6mm ＋ 2mm ＝ □ mm

④ 9mm ＋ 3mm ＝ □ mm

⑤ 2m ＋ 7m ＝ □ m

2 長さの　ひき算を　しましょう。

1つ5点(30点)

① 5cm － 2cm ＝ □ cm

★(5－2) cmの　長さ

② 13cm － 4cm ＝ □ cm

③ 6mm － 2mm ＝ □ mm

④ 12mm － 4mm ＝ □ mm

⑤ 9m － 7m ＝ □ m

⑥ 15m － 8m ＝ □ m

3 長さの　たし算を　しましょう。

1つ5点(20点)

① 1cm3mm ＋ 2cm ＝ □cm □mm

★cmどうして　計算しましょう。
（1＋2）cmと　3mmの　長さ

② 3cm ＋ 6cm4mm ＝ □cm □mm

③ 3cm5mm ＋ 4mm ＝ □cm □mm

★mmどうして　計算しましょう。
3cmと　（5＋4）mmの　長さ

④ 6m40cm ＋ 3m ＝ □m □cm

★mどうして　計算しましょう。
（6＋3）mと　40cmの　長さ

4 長さの　ひき算を　しましょう。

1つ10点(30点)

① 5cm8mm − 3cm ＝ □cm □mm

★cmどうして　計算しましょう。
（5−3）cmと　8mmの　長さ

② 10cm7mm − 3mm ＝ □cm □mm

★mmどうして　計算しましょう。
10cmと　（7−3）mmの　長さ

③ 13m8cm − 7m ＝ □m □cm

おぼえておこう

長さの　計算は　同じ　たんいどうしで　します。

10 長さ
長さの　たし算と　ひき算②

2年

1 長さの　たんいを　そろえて　計算しましょう。

1つ10点(40点)

① 2cm + 5mm = 2cm 5mm

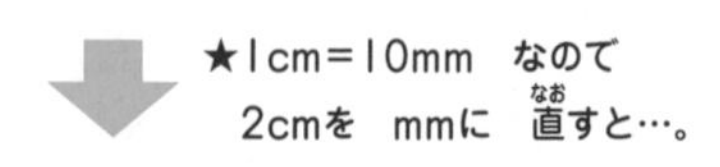

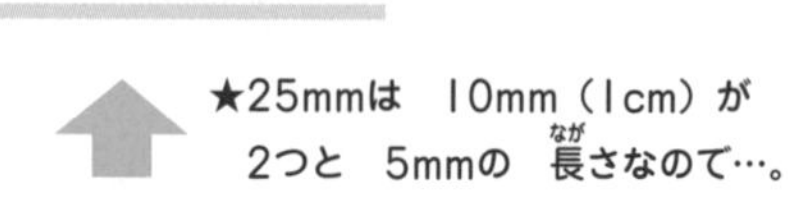

20 mm + 5mm = 25 mm

② 3cm + 65mm = ＿cm＿mm

□ mm + 65mm = □ mm

③ 2m − 80cm = ＿m＿cm

★1m=100cmなので
2mを　cmに　直すと…。

□ cm − 80cm = □ cm

④ 3m − 50cm = ＿m＿cm

□ cm − 50cm = □ cm

❷ つぎの 計算(けいさん)を □ の たんいに そろえて 計算(けいさん)しましょう。

1つ15点(てん)(60点(てん))

① 5cm2mm + 7mm

mm に そろえる

しき

答(こた)え □ mm

↓

□ cm □ mm

② 7cm4mm − 9mm

mm に そろえる

しき

答(こた)え □ mm

↓

□ cm □ mm

③ 2m30cm + 50cm

cm に そろえる

しき

答(こた)え □ cm

↓

□ m □ cm

④ 3m20cm − 80cm

cm に そろえる

しき

答(こた)え □ cm

↓

□ m □ cm

おぼえておこう

長(なが)さの 計算(けいさん)は 同(おな)じ たんいどうしで します。たんいが ちがう ときは 同(おな)じ たんいに そろえて 計算(けいさん)を します。

1 何時ですか。□に 当てはまる 数字を 書きましょう。

1つ5点(15点)

① 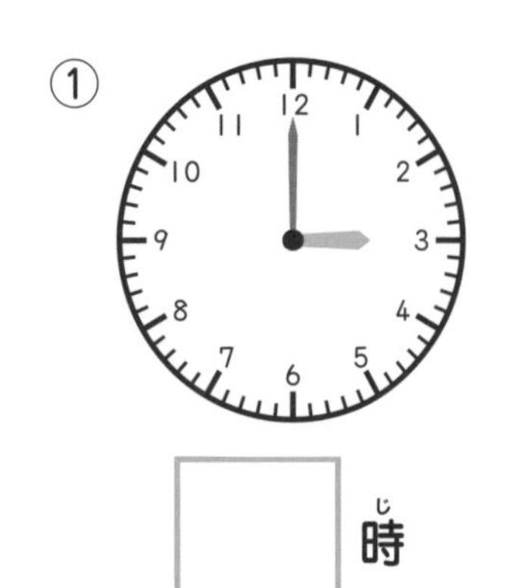

□時

② 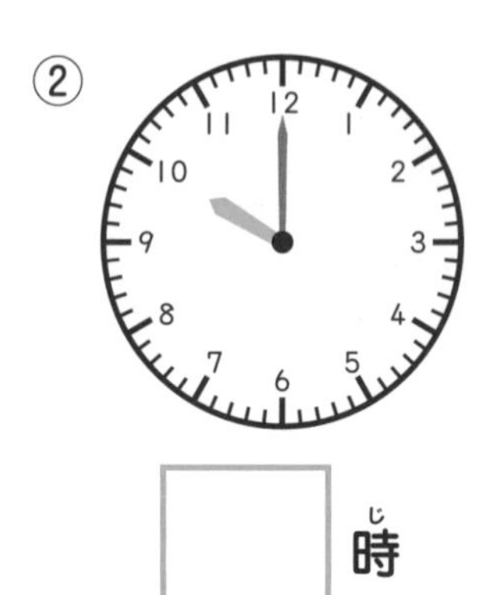

□時

③ 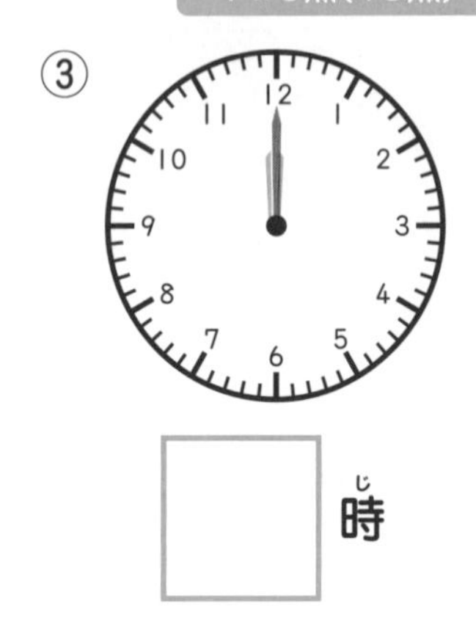

□時

2 何時半ですか。□に 当てはまる 数字を 書きましょう。

1つ5点(15点)

① 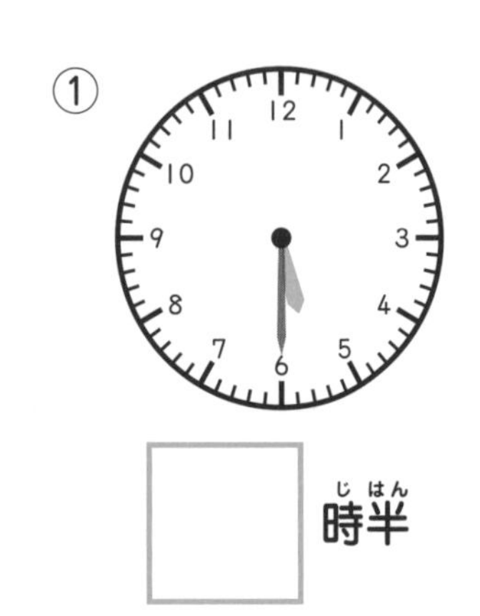

□時半

② 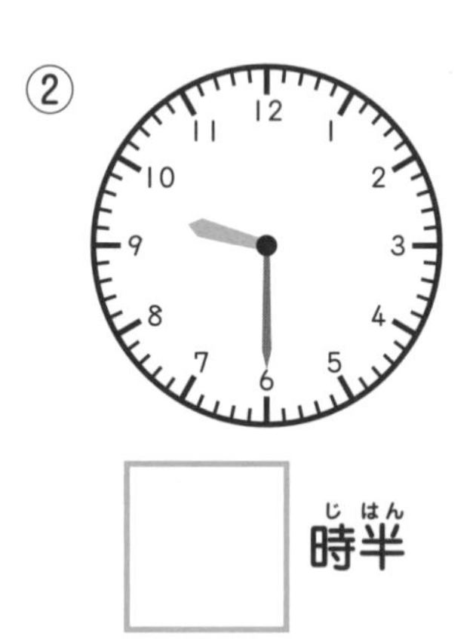

□時半

③ 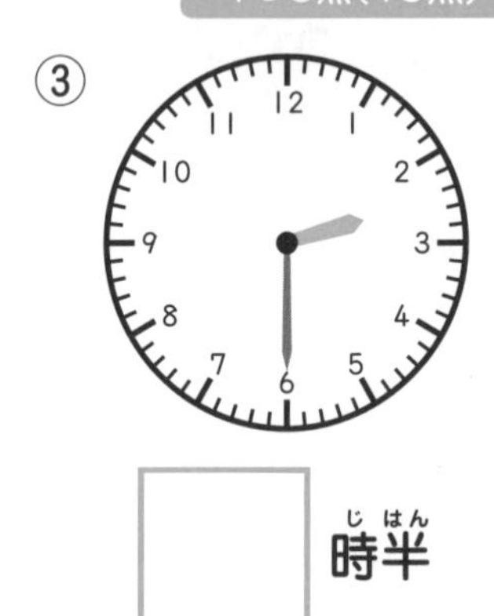

□時半

3 [ ] の 中の 時間に なるように
長い はりと みじかい はりを かきましょう。

1つ5点(10点)

① [3時半]

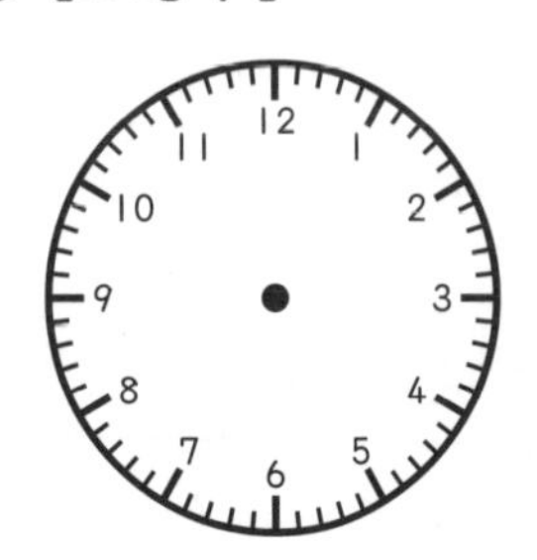

② [11時半]

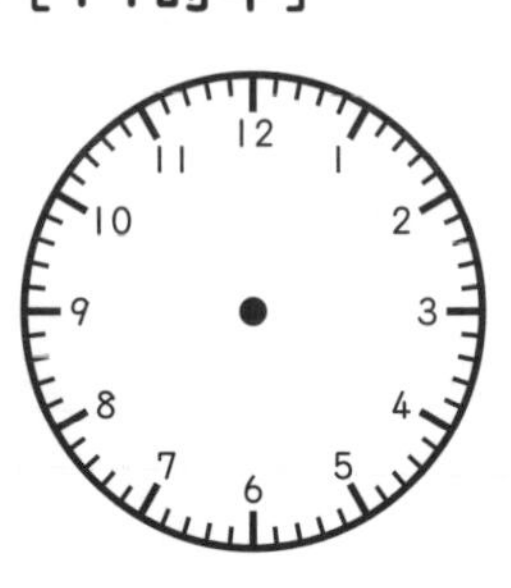

4 何時何分ですか。□に 当てはまる 数字を 書きましょう。

1つ5点(30点)

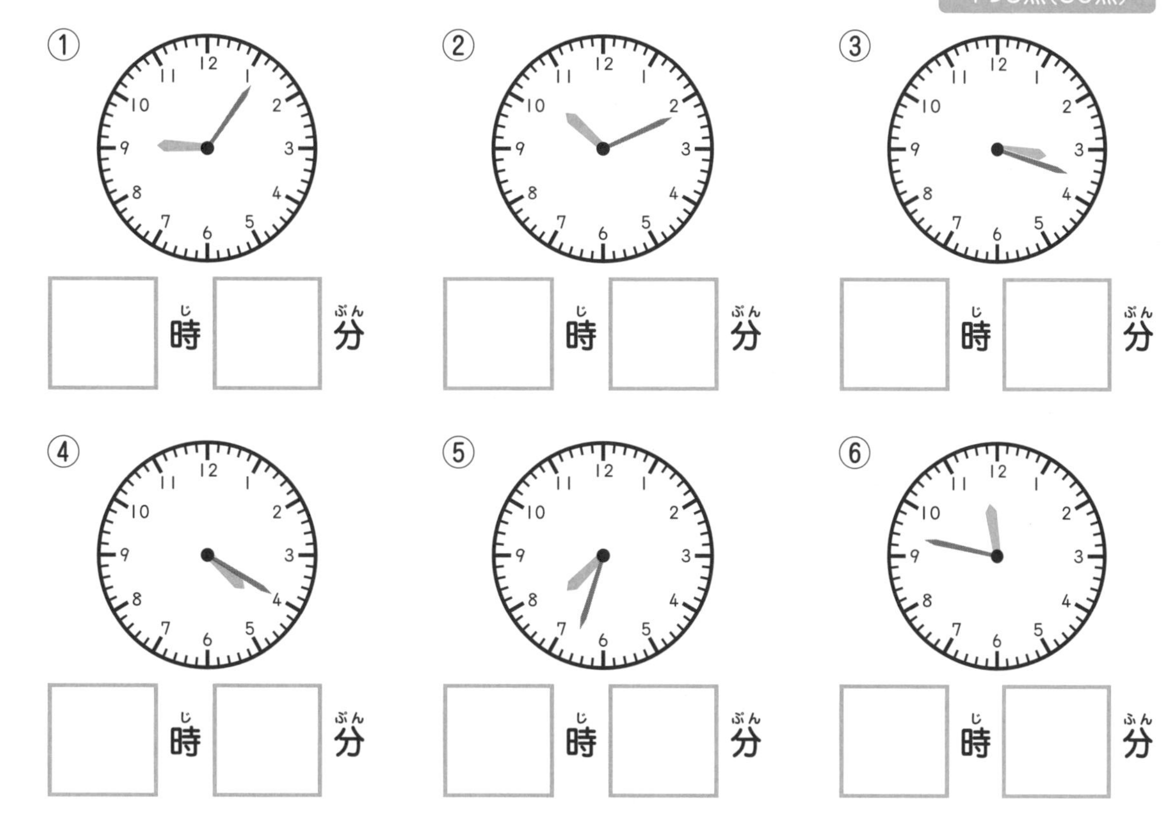

①　□時　□分

②　□時　□分

③　□時　□分

④　□時　□分

⑤　□時　□分

⑥　□時　□分

5 [　　] の 中の 時間に なるように 長い はりと みじかい はりを かきましょう。

1つ10点(30点)

① [12時 35分]

② [8時 22分]

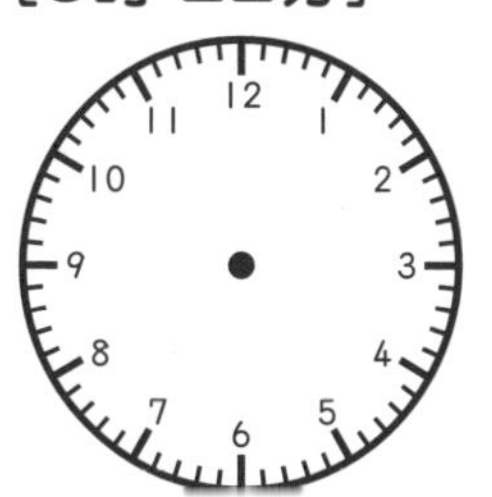

③ [11時 55分]

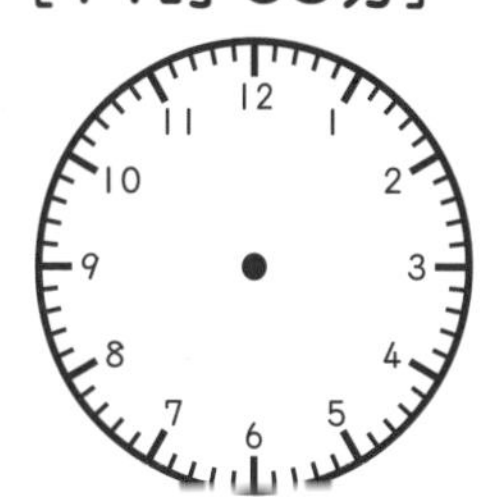

おぼえておこう

時計は、みじかい はりが 何時かを、長い はりが 何分かを しめして います。

12 時計

1時間は　60分

2年　月　日　点

1 □に　当てはまる　数字を　書きましょう。

1つ5点(40点)

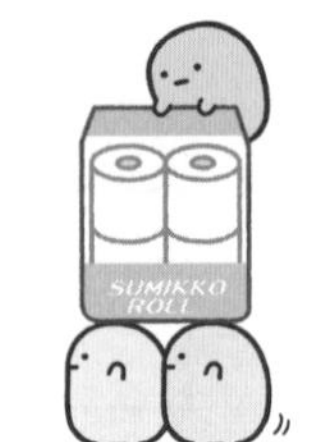

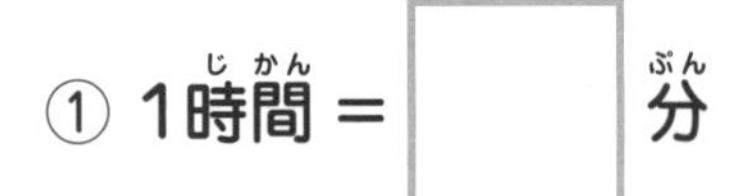

① 1時間 = □分

② 2時間 = □分

③ 4時間 = □分

④ 6時間 = □分

⑤ 1時間 10分 = □分

⑥ 1時間 20分 = □分

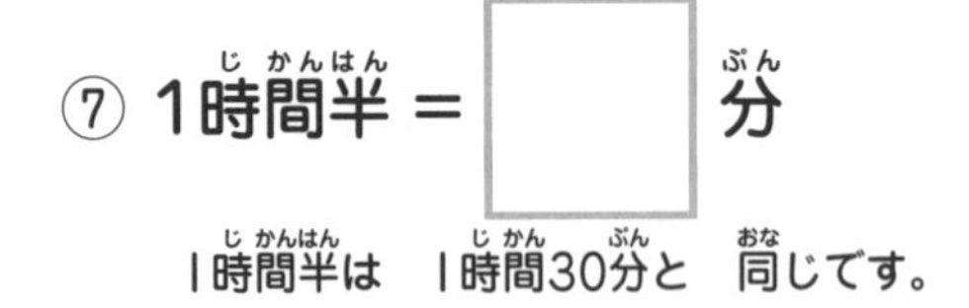

⑦ 1時間半 = □分

⑧ 2時間 10分 = □分

1時間半は　1時間30分と　同じです。

2 もんだい文を　読んで　答えましょう。

1つ5点(10点)

① しろくまが　本を　読んで　いたら、時計の　長い　はりが　2回　回りました。何時間　たちましたか。

□時間

② ねこが　お買いものに　出かけて　いたら、長い　はりが　1回と　半分　回りました。何分　たちましたか。

□分

③ □に 当てはまる 数字を 書きましょう。

1つ5点（40点）

① 60分 = □ 時間

② 180分 = □ 時間

③ 300分 = □ 時間

④ 540分 = □ 時間

⑤ 90分 = □ 時間 □ 分

⑥ 110分 = □ 時間 □ 分

⑦ 140分 = □ 時間 □ 分

⑧ 190分 = □ 時間 □ 分

④ もんだい文を 読んで 答えましょう。

1つ5点（10点）

① しろくまは 80分、ねこは 1時間10分 お昼ねを して いました。長く ねて いたのは どちらですか。

② ぺんぎん？は 1時間半、とんかつは 100分 あそんで いました。長く あそんで いたのは どちらですか。

おぼえておこう

時計の 1めもりは 1分です。長い はりが ひと回り すると 60めもりで 60分。1時間は 60分です。

13 時計 午前と 午後

1 時計の 時こくは 何時何分ですか。
午前か 午後かも 書きましょう。

1つ8点（40点）

① 朝

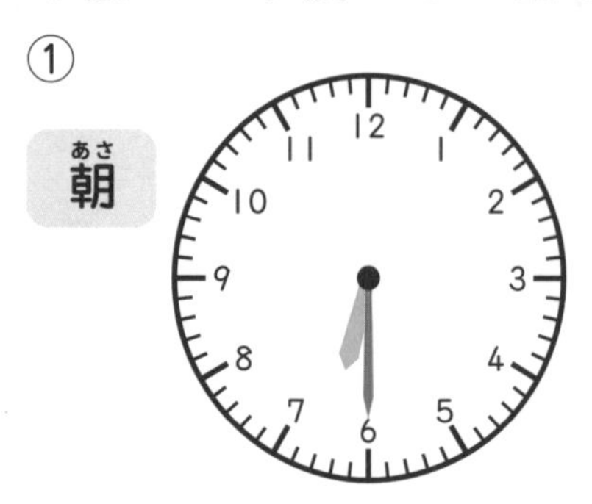

午前 [ ] 時 [ ] 分

② 夜

午後 [ ] 時 [ ] 分

③ 昼

[ ] 時 [ ] 分

④ 昼

[ ] 時  分

⑤ 夕方

[ ] 時 [ ] 分

2 下の　イラストを　見て　答えましょう。午前か　午後かも　答えましょう。

1つ10点（60点）

① とかげが　おきた
時こくは　何時何分ですか。

______時______分

② ねこが　出かけた
時こくは　何時何分ですか。

______時______分

③ とかげが　お昼ごはんを　食べはじめた
時こくは　何時何分ですか。

______時______分

④ ねこが　お昼ねを　はじめた
時こくは　何時何分ですか。

______時______分

⑤ 早く　おきたのは　とかげと　ねこ
どちらですか。

⑥ 早く　ねたのは　とかげと　ねこ
どちらですか。

おぼえておこう

1日は　24時間です。
正午（昼の　12時）の　前と　後で、午前と　午後に　分けられます。
午前と　午後は　12時間ずつです。

14 時計 何時間、何分間

1 左の 時こくから 右の 時こくまでの 時間は 何時間ですか。□に 当てはまる 数字を 書きましょう。

1つ6点(30点)

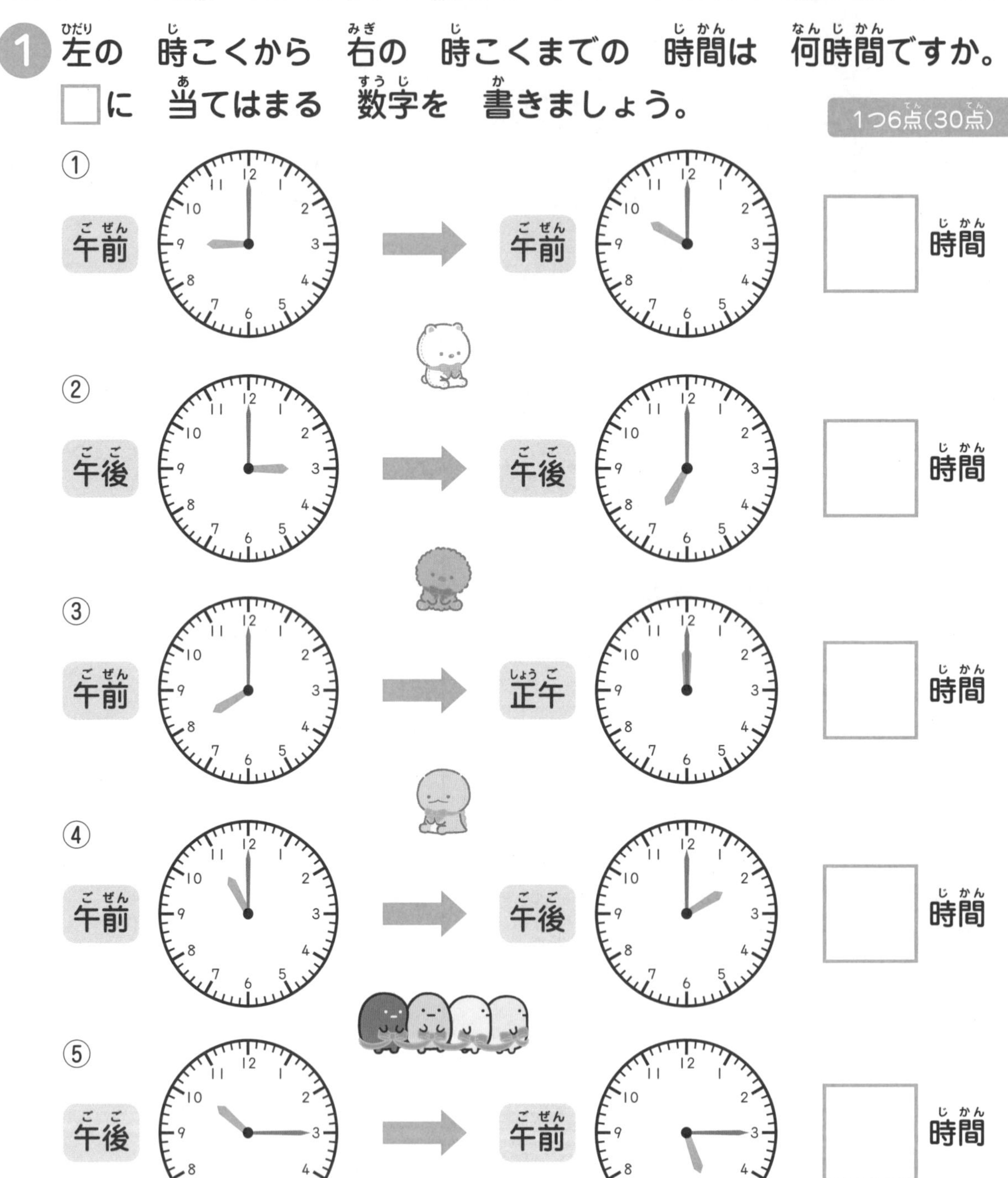

おぼえておこう

何時間かを 見る ときは、みじかい はりが 何めもり すすんだかを 見ます。みじかい はりが 5めもり すすむと 1時間を あらわします。

② 左の　時こくから　右の　時こくまでの　時間は　何分間ですか。□に　当てはまる　数字を　書きましょう。

1つ10点(40点)

① 午前 → 午前　□分間

② 午前 → 正午　□分間

③ 午前 → 午後　□分間

④ 午後 → 午前　□分間

③ もんだい文を　読んで　答えましょう。

1つ15点(30点)

① しろくまは　午前10時から　午後3時まで
お出かけを　して　いました。しろくまが
お出かけを　して　いたのは　何時間ですか。

□時間

② ぺんぎん？は　午前11時15分から　正午まで
お昼ごはんを　食べて　いました。
お昼ごはんに　かかった　時間は　何分間ですか。

□分間

おぼえておこう

何分間かを　見る　ときは、長い　はりが　何めもり　すすんだかを
見ます。長い　はりが　1めもり　すすむと　1分を　あらわします。

時計
何時間前と　何時間後

2年

1 時計の　時こくを　見て　□に　当てはまる数字を　書きましょう。

1つ5点(30点)

① 1時間前は  時

② 1時間後は □ 時

③ 2時間前は  時

④ 2時間後は   時

⑤ 3時間前は  時

⑥ 3時間後は  時

2 時計の　時こくを　見て　□に　当てはまる数字を　書きましょう。午前か　午後かも　答えましょう。

1つ5点(30点)

午前

① 2時間前は 午前 時

② 2時間後は 午後 時

午後

③ 5時間前は　　時

④ 5時間後は　　時

正午

⑤ 3時間前は　　時

⑥ 3時間後は　　時

3 もんだい文を　読んで　答えましょう。
午前か　午後かも　答えましょう。　1つ20点(40点)

① 今の　時こくは　午前10時です。ねこと　しろくまは　5時間後に
公園で　待ち合わせを　する　ことに　しました。
待ち合わせの　時間は　何時ですか。

時

② とかげは　10時間　ねて、午前6時に　おきました。
とかげが　ねたのは　何時ですか。

時

おぼえておこう

みじかい　はりは、5めもりで　1時間を　あらわして　いるので、
何時間前は、みじかい　はりが　5めもりで　いくつ分　もどったか、
何時間後は、みじかい　はりが　5めもりで　いくつ分　すすんだかを　見ます。

16 時計 何分前と 何分後

1 時計の 時こくを 見て □に 当てはまる 数字を 書きましょう。

1つ5点(30点)

① 10分前は □時 □分

② 10分後は □時 □分

③ 20分前は □時 □分

④ 20分後は □時 □分

⑤ 45分前は □時 □分

⑥ 45分後は □時 □分

2 時計の 時こくを 見て、[　　] の 時こくに なるように 長い はりと みじかい はりを かきましょう。午前か 午後かも 答えましょう。

1つ10点(30点)

①

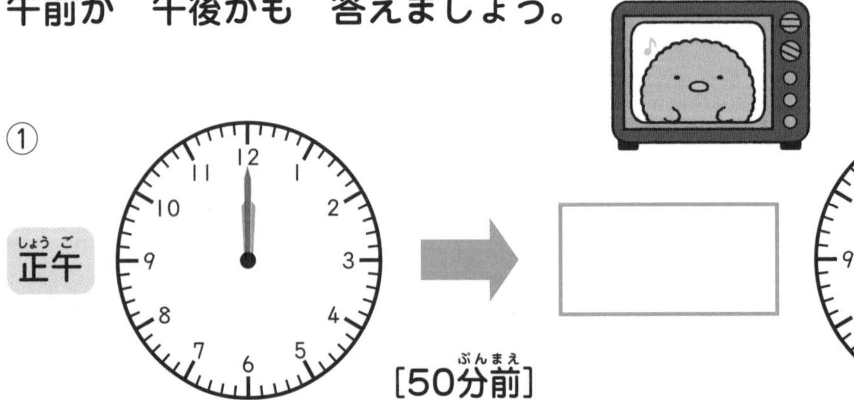

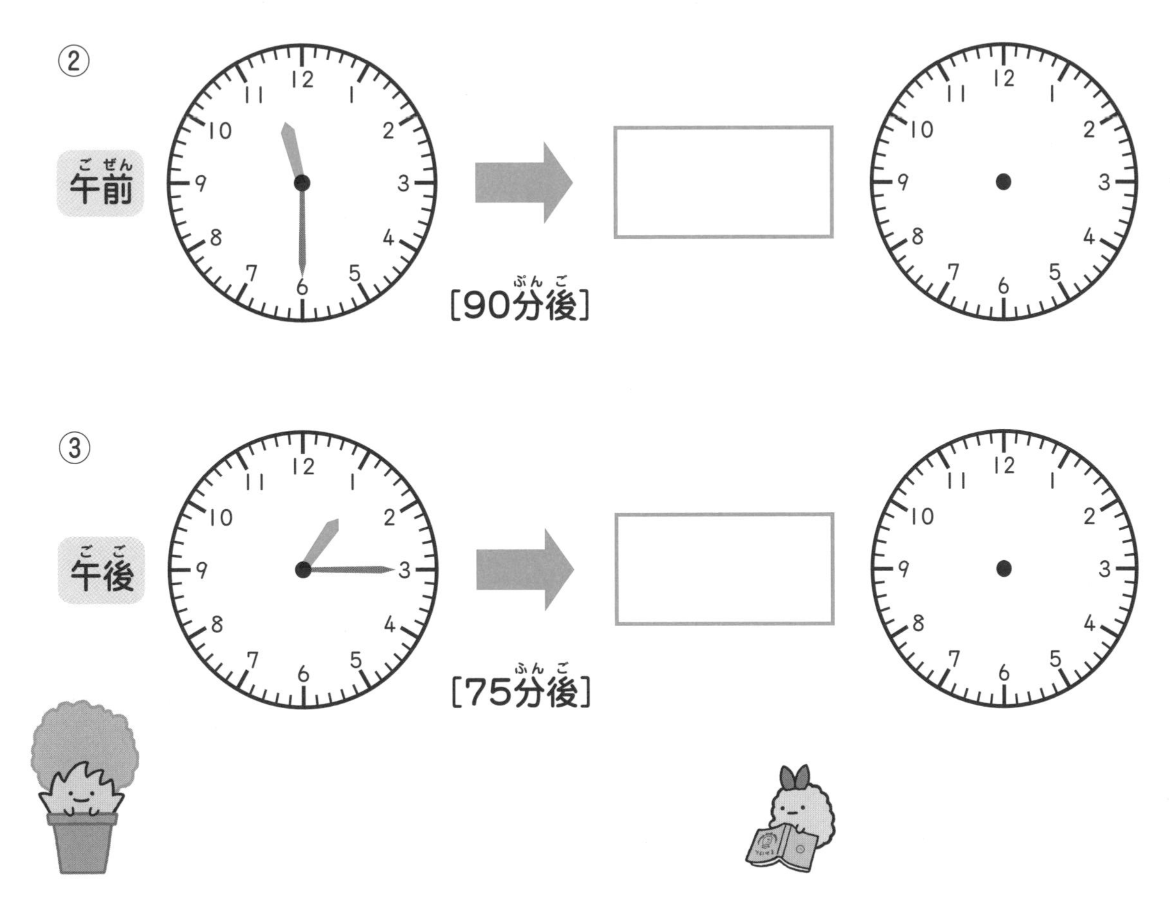

3 もんだい文を　読んで　答えましょう。午前か　午後かも　答えましょう。

1つ20点(40点)

① 今の　時こくは　昼の　12時15分です。ねこは　30分前から　本を　読んで　います。ねこが　本を　読みはじめたのは　何時何分ですか。

時　　分

② しろくまは　午前11時30分から　90分間　公園で　あそぶ　ことに　しました。しろくまが　あそびおわるのは　何時ですか。

時

おぼえておこう

何分前の　時こくは、長い　はりが　何めもり　もどったかを　見ます。
何分後の　時こくは、長い　はりが　何めもり　すすんだかを　見ます。

17 形 いろいろな 形

1 年　月　日　点

1 □の 中の 形と にて いる 形は どれですか。
（　）に ○を かきましょう。

1つ10点（20点）

①

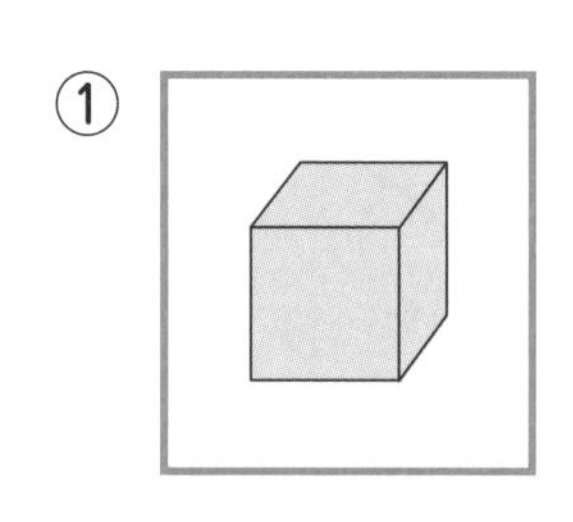

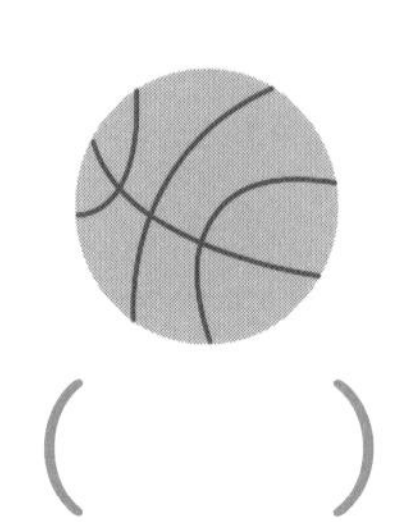
（　）

（　）

（　）

②

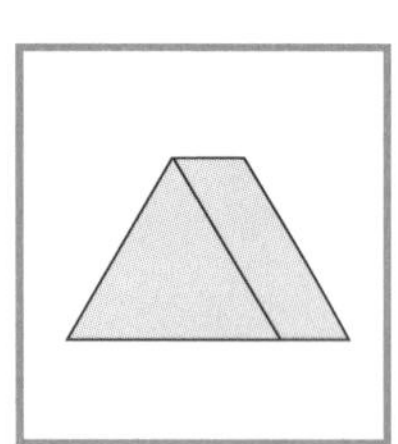

（　）

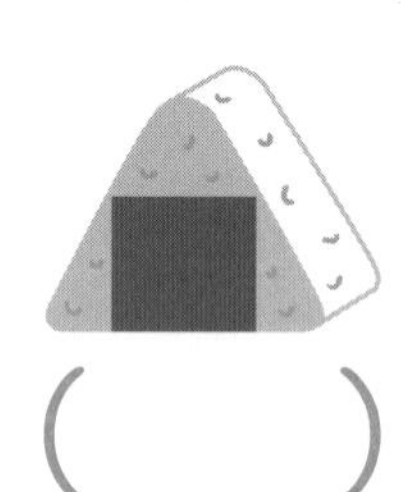
（　）

（　）

2 □の 中の 形を 上から 見ると どんな 形に 見えますか。
（　）に ○を かきましょう。

1つ10点（20点）

①

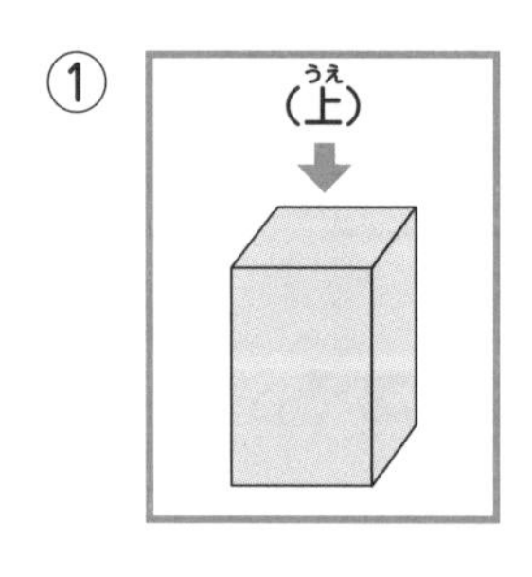

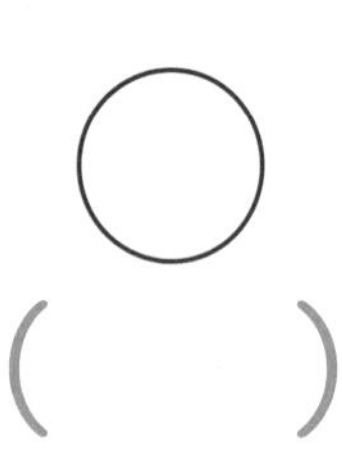
（　）

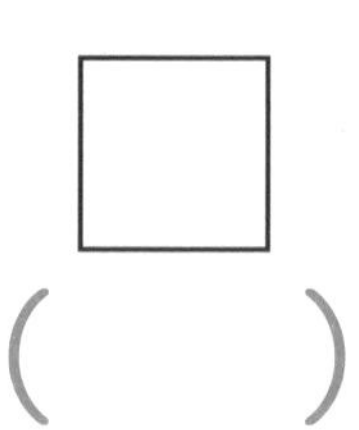
（　）

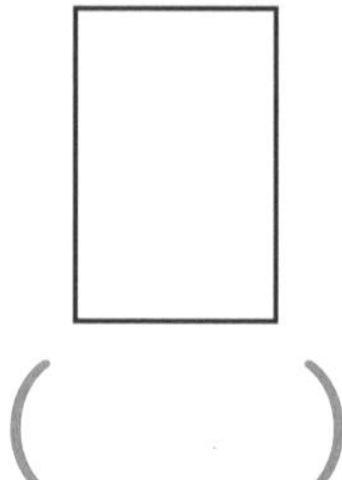
（　）

②

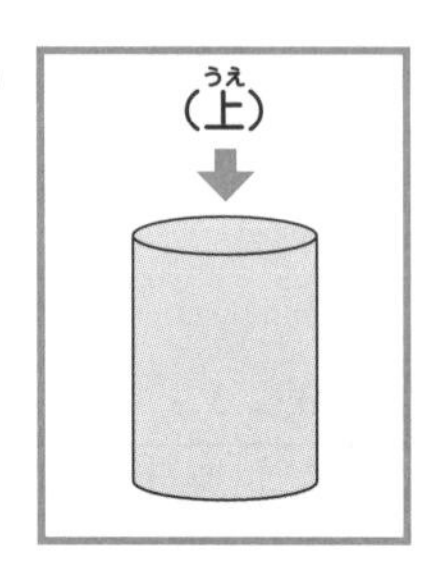

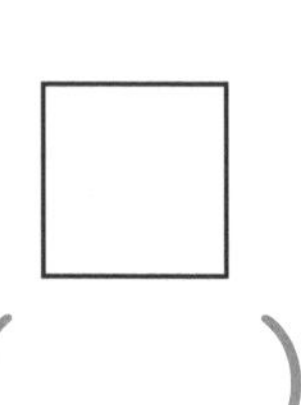
（　）

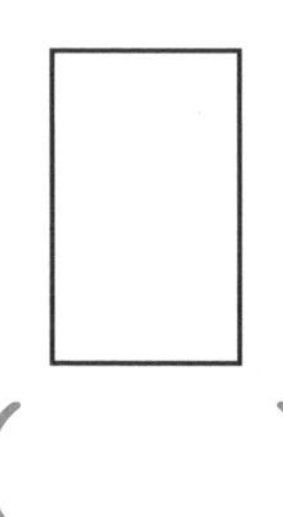
（　）

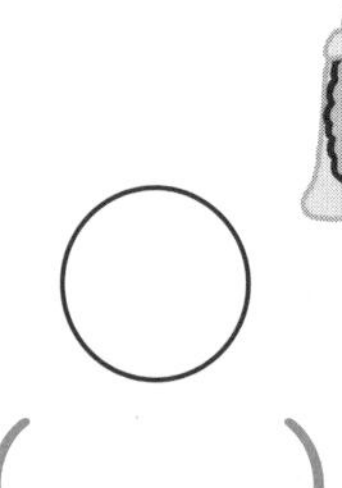
（　）

3 □の 中の つみきの 形を うつしとります。うつしとれる 形を すべて えらんで、（　）に ○を かきましょう。

1つ10点（20点）

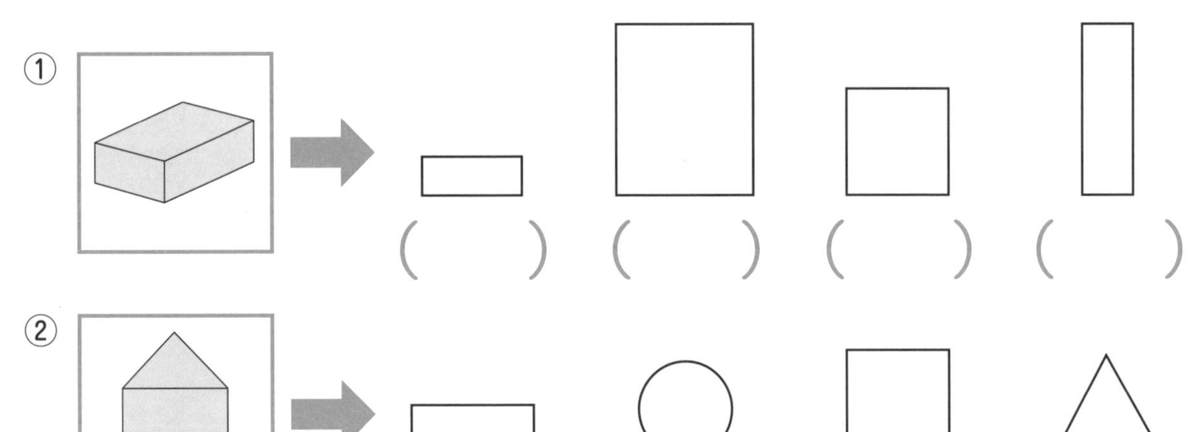

①（　）（　）（　）（　）

②（　）（　）（　）（　）

4 □の 中の 図は ㋐と ㋑の どちらの つみきを うつしとった ものですか。（　）に ○を かきましょう。

1つ20点（40点）

① 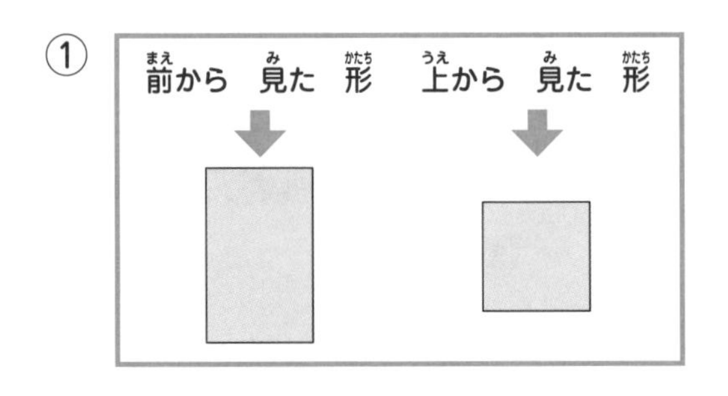

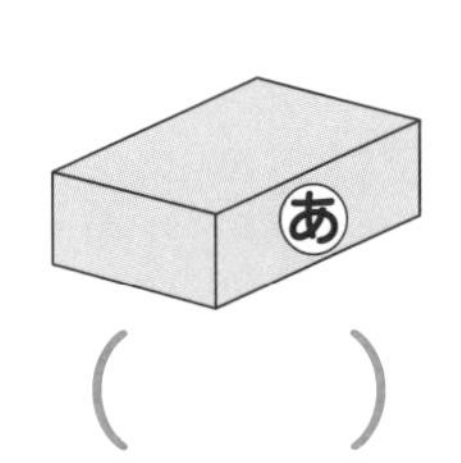

（　）

（　）

② 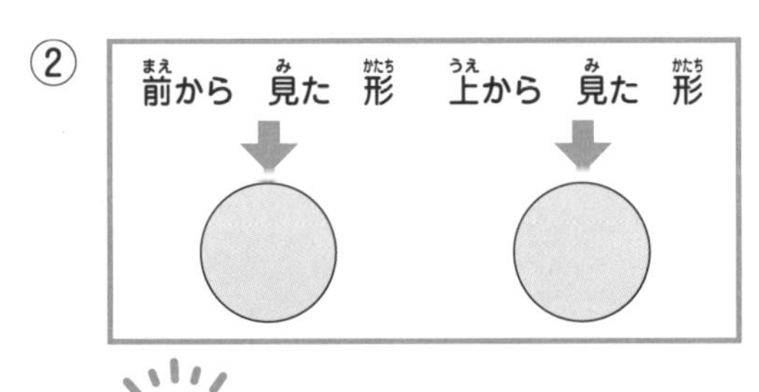

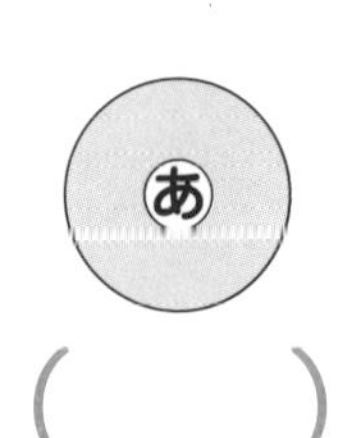

（　）

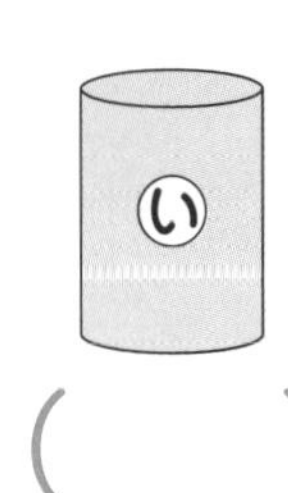

（　）

おぼえておこう

ものには いろいろな 形が あります。

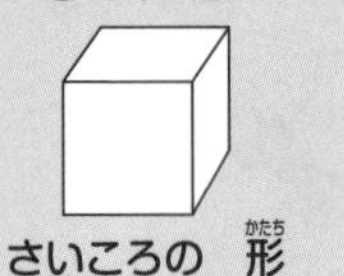

さいころの 形

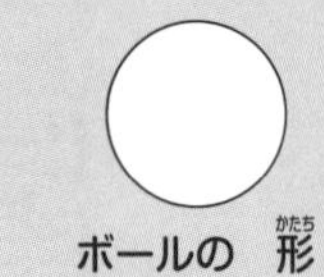

ボールの 形

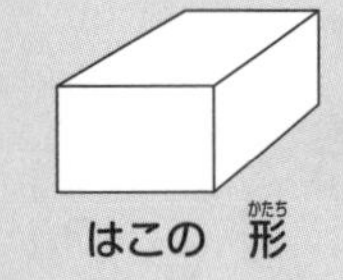

はこの 形

おにぎりの 形

1 下の 形は （直角三角形）の 色いた 何まいで できて いますか。□に 当てはまる 数字を 書きましょう。 1つ10点(30点)

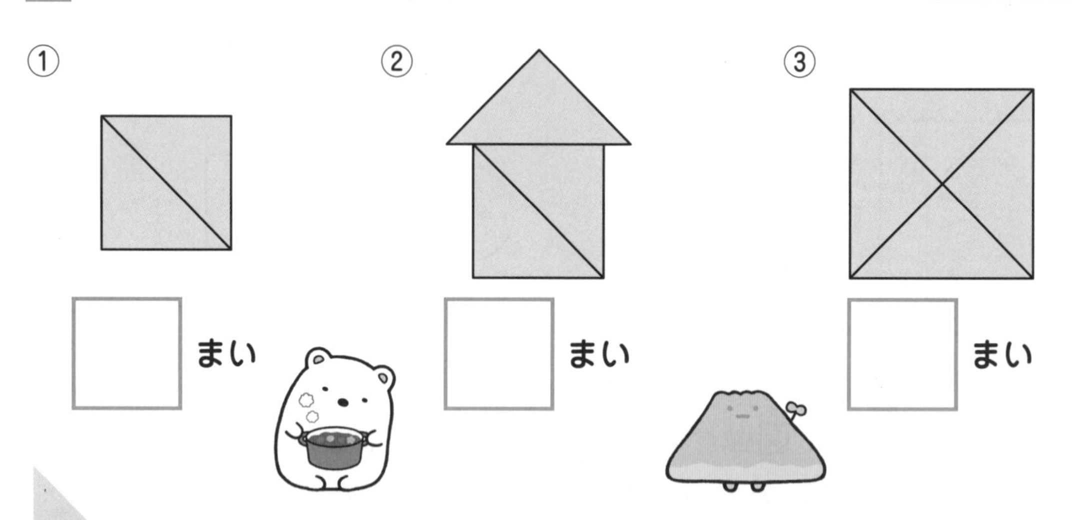

① □まい　② □まい　③ □まい

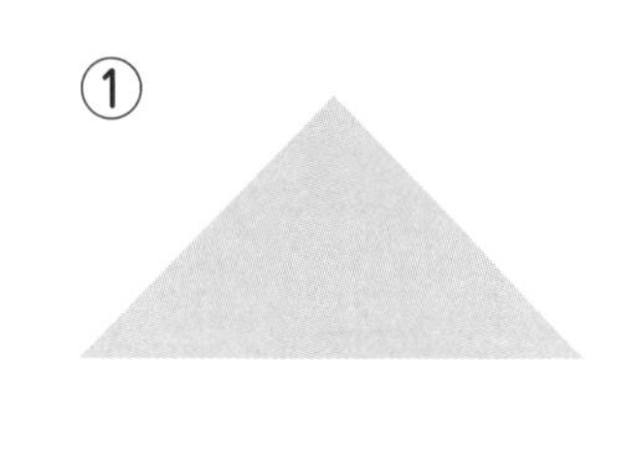

2 （直角三角形）の 色いたを つかって 形を つくりました。色いたを つなげた ところに 線を かきましょう。 1つ5点(30点)

3 左の 形から 右の 形に するには、ぼうは あと 何本 ひつようですか。□に 当てはまる 数字を 書きましょう。

1つ10点(20点)

①

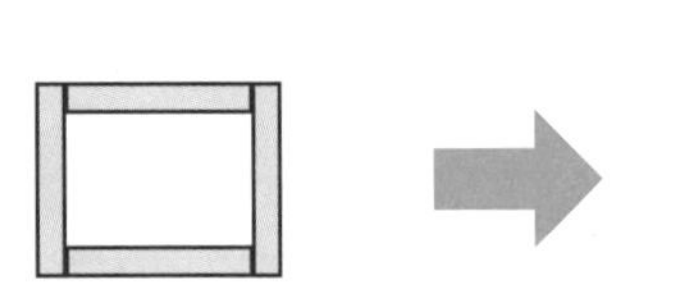

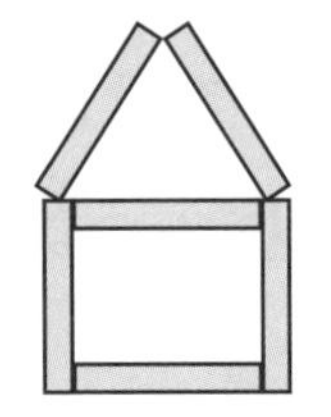

□本

②

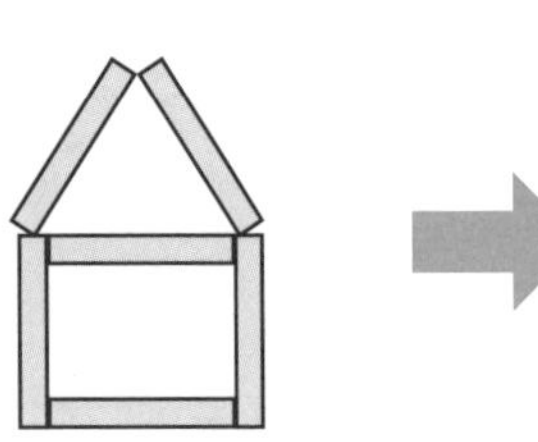

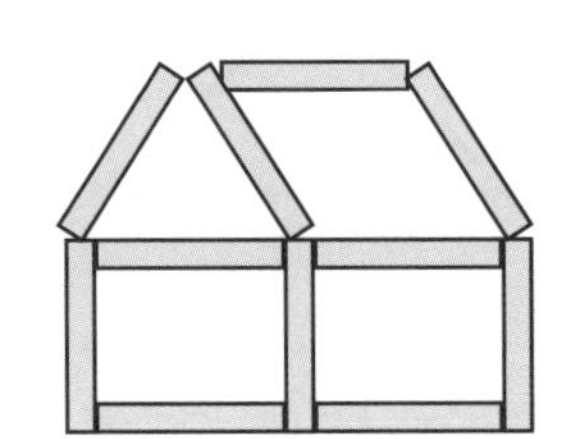

□本

4 点と 点を むすんで 上の 図と 同じ 形を かきましょう。

1つ10点(20点)

①

②

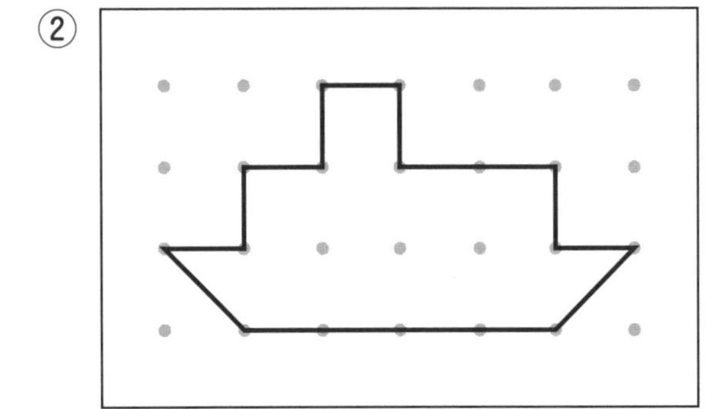

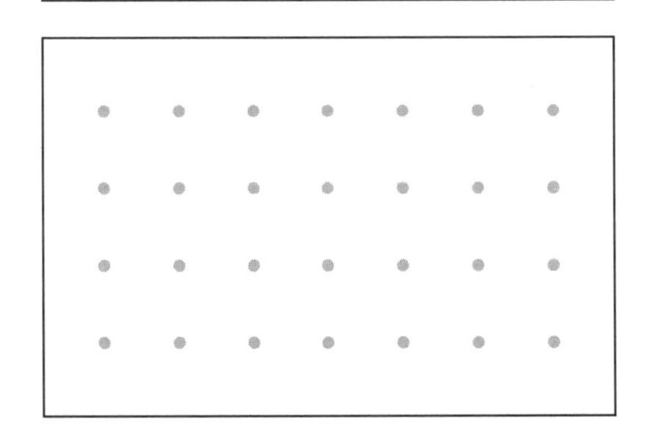

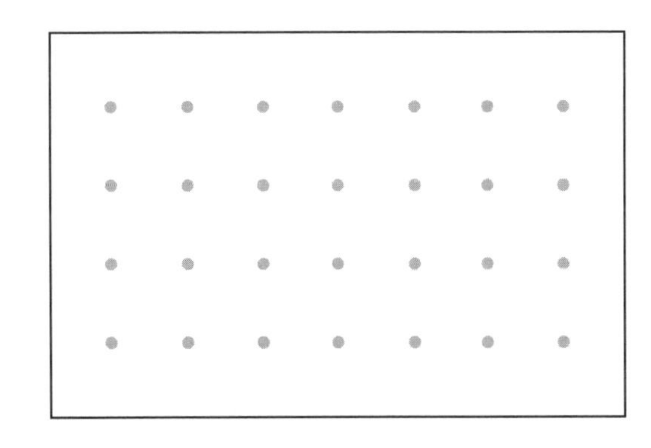

おぼえておこう

色いたや 数えぼうを つかったり、点と 点を むすんだり する ことで、いろいろな 形が つくれます。

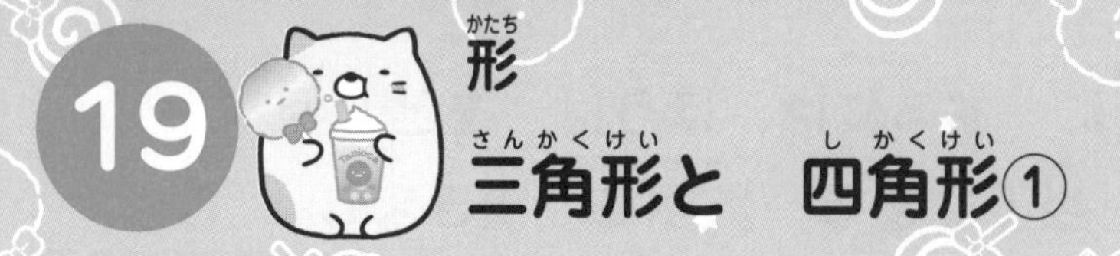

1 三角形は　どれですか。当てはまる　もの　すべての記ごうを □に　書きましょう。　1つ5点(15点)

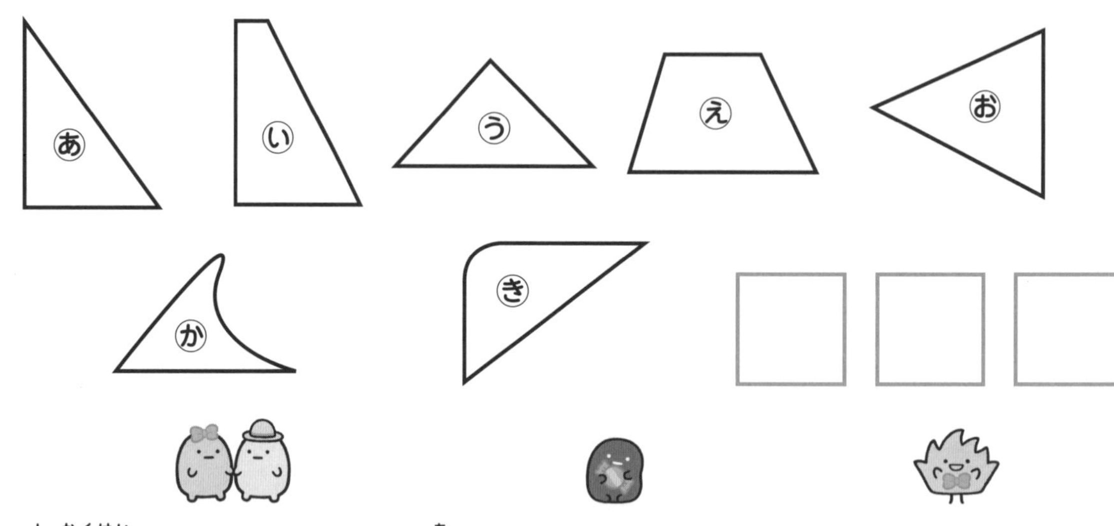

2 四角形は　どれですか。当てはまる　もの　すべての記ごうを □に　書きましょう。　1つ5点(15点)

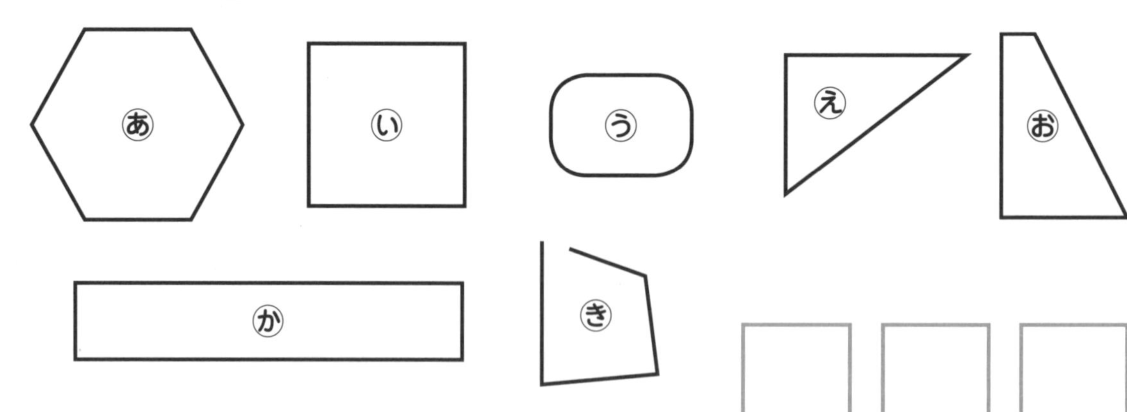

おぼえておこう

3本の　直線で　かこまれた　形を　三角形と　いいます。
4本の　直線で　かこまれた　形を　四角形と　いいます。
三角形や　四角形の　直線の　ところを　へん、かどの　ところを　ちょう点と　いいます。

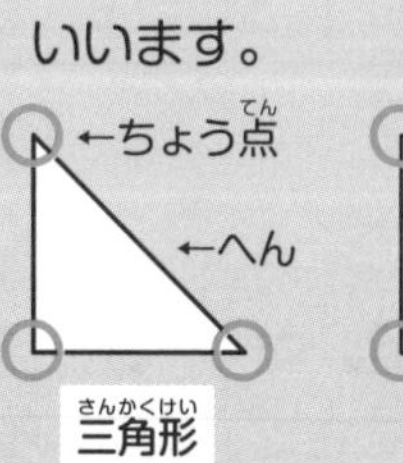

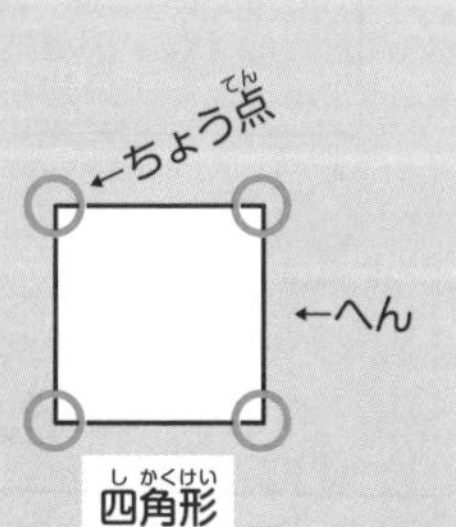

3 直角に　なって　いる　かどは　どちらですか。
三角じょうぎで　しらべて　□に　当てはまる
記ごうを　書きましょう。

1つ15点(30点)

① あ　い　□

② あ　い　□

4 直角の　ある　三角形と　四角形を
三角じょうぎを　つかって　かきましょう。

1つ20点(40点)

① 三角形　② 四角形

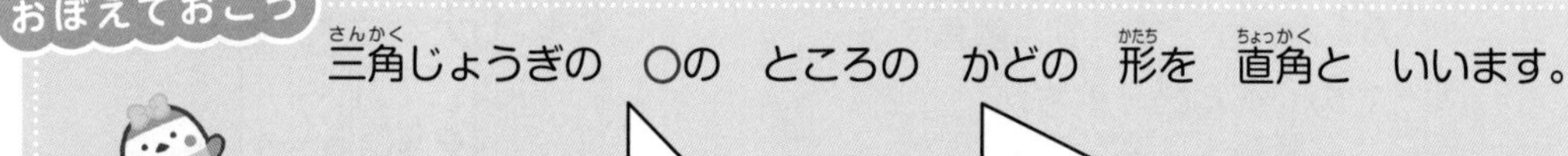

三角じょうぎの　○の　ところの　かどの　形を　直角と　いいます。

形
三角形と　四角形②

1 右の　図を　見て　答えましょう。

1つ10点(40点)

① 長方形の　あの　長さは　何cmですか。

□ cm

② 長方形の　いの　長さは　何cmですか。

□ cm

長方形

3cm

あ

5cm

い

③ 正方形の　うの　長さは　何cmですか。

□ cm

正方形

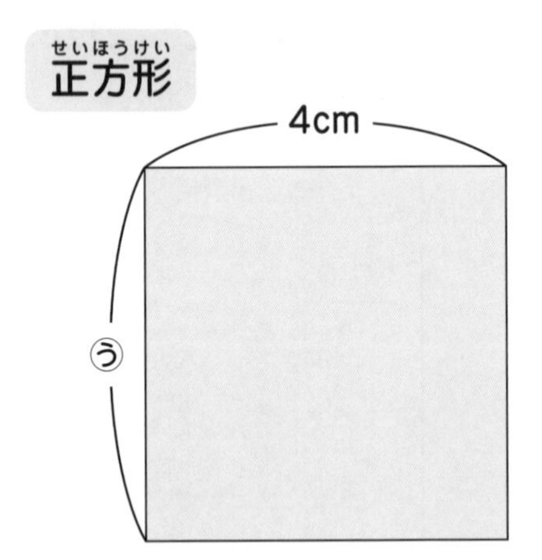

④ 正方形の　まわりの　長さは　ぜんぶで
何cmですか。

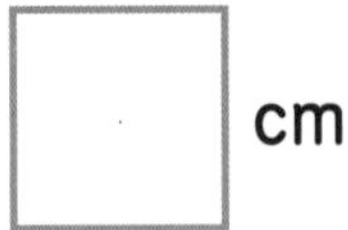

□ cm

おぼえておこう

4つの　かどが　すべて　直角に
なって　いる　四角形を
長方形と　いいます。
長方形は　向き合って　いる
へんの　長さが　同じです。

4つの　かどが　すべて　直角で、
すべての　へんの　長さが
同じ　四角形を　正方形と　いいます。

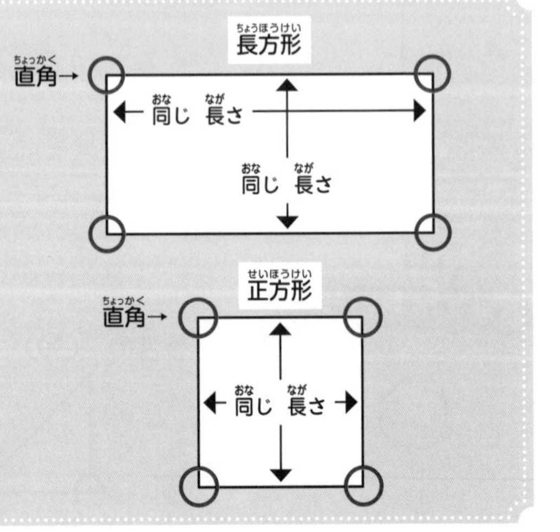

2 直角三角形は　どれと　どれですか。三角じょうぎで しらべて □に　記ごうを　書きましょう。

1つ15点(30点)

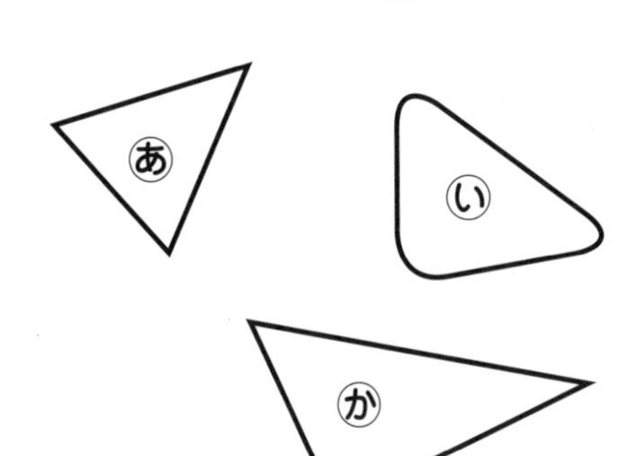

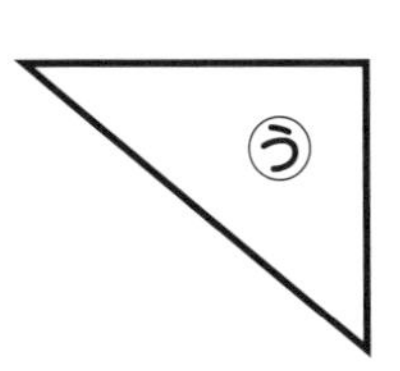

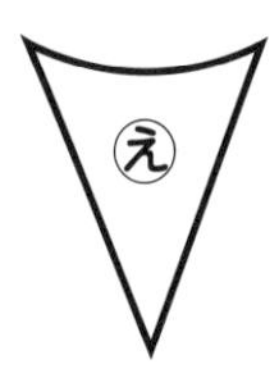

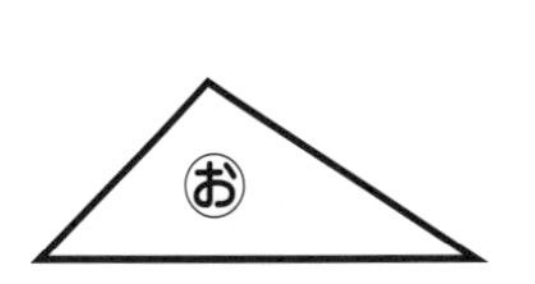

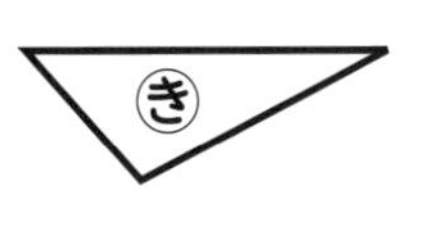

3 つぎの　図形を　かきましょう。

1つ10点(30点)

① たて4cm、よこ6cmの　長方形
② 1つの　へんが　3cmの　正方形
③ 3cmと　4cmの　へんが　ある　直角三角形

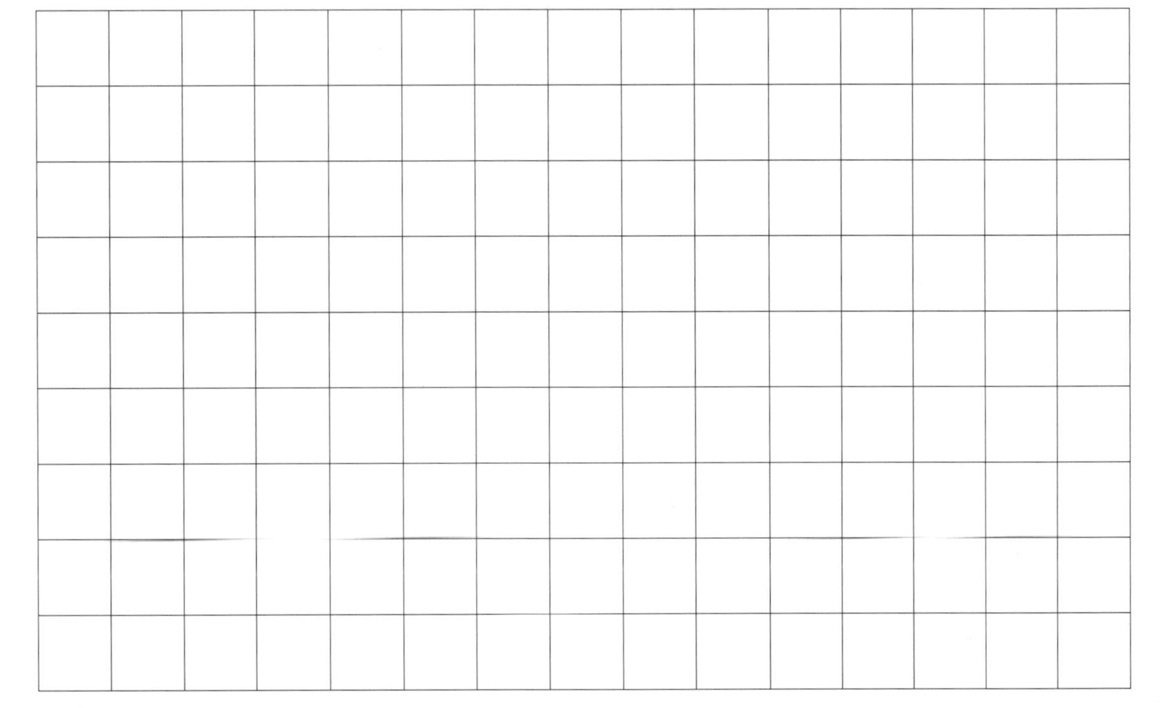

おぼえておこう

直角の　ある　三角形を　直角三角形と　いいます。
また、三角形や　四角形の　へんは　すべて　直線です。
三角形や　四角形を　かく　ときは　三角じょうぎの　直角や　へんを じょうずに　つかって　かくように　しましょう。

形
はこの　形①

2年

1 右の　図を　見て　答えましょう。　1つ10点(20点)

① 面の　数は　ぜんぶで
いくつ　ありますか。

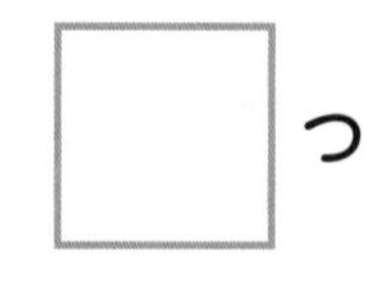 つ

② 面の　形は　どんな　四角形ですか。

2 右の　図を　見て　答えましょう。　1つ10点(20点)

① 長方形の　形の　面は
ぜんぶで　いくつ　ありますか。

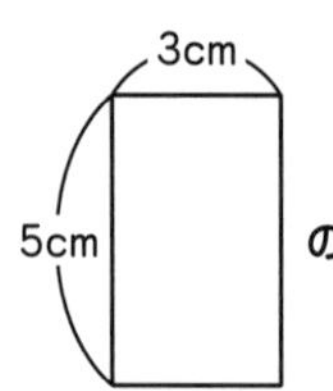

の　長方形は　いくつ　ありますか。  つ

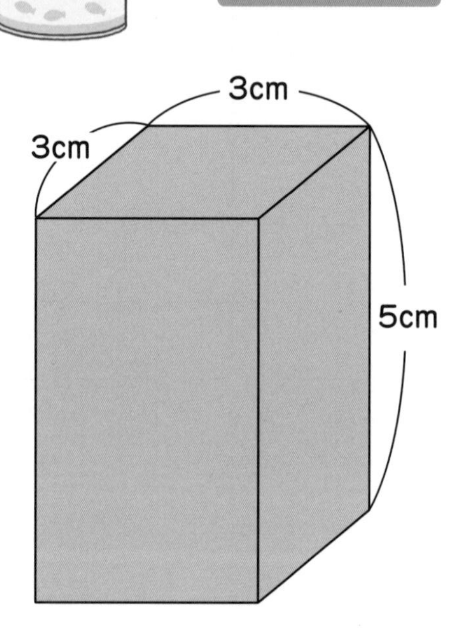

② 正方形の　形の　面は
ぜんぶで　いくつ　ありますか。

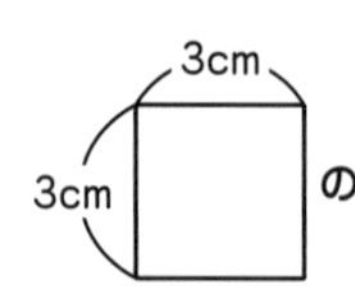

の　正方形は　いくつ　ありますか。 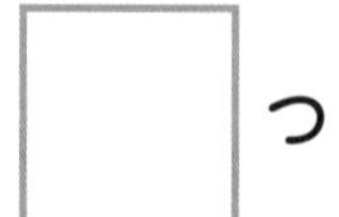 つ

おぼえておこう

はこの　形の　たいらな　ところを　面と　いいます。
はこの　形の　面は　ぜんぶで　6つ　あります。
面の　形は　長方形や　正方形です。

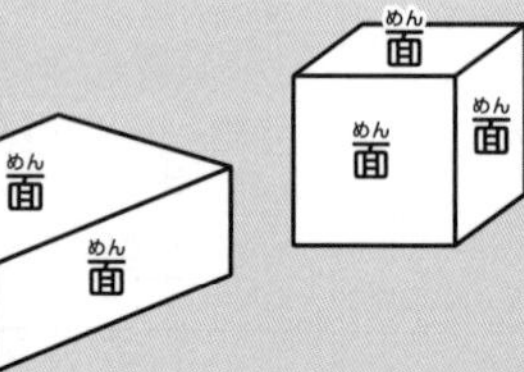

3 ひごと ねん土玉を つかって はこの 形を つくりました。下の 図を 見て 答えましょう。

1つ12点(60点)

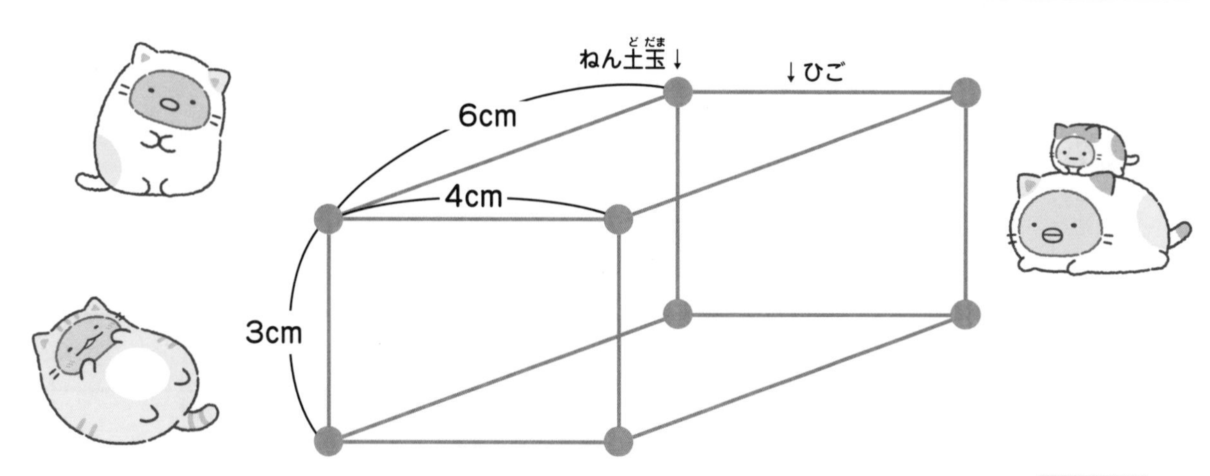

① ねん土玉は いくつ つかいましたか。　□つ

② 4cmの ひごは 何本 つかいましたか。　□本

③ 6cmの ひごは 何本 つかいましたか。　□本

④ 3cmの ひごは 何本 つかいましたか。　□本

⑤ 3cmの ひごと 4cmの ひごで できて いる 面は いくつ ありますか。　□つ

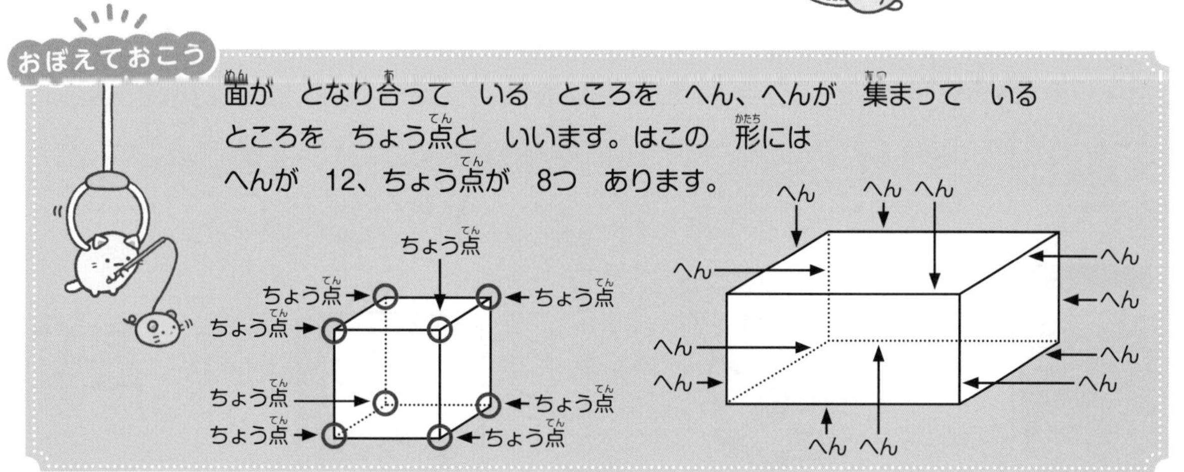

22 形　はこの　形②

1 右の　はこを　ひらきました。正しい　ほうの　図の　（　　）に　○を　かきましょう。

1つ10点(30点)

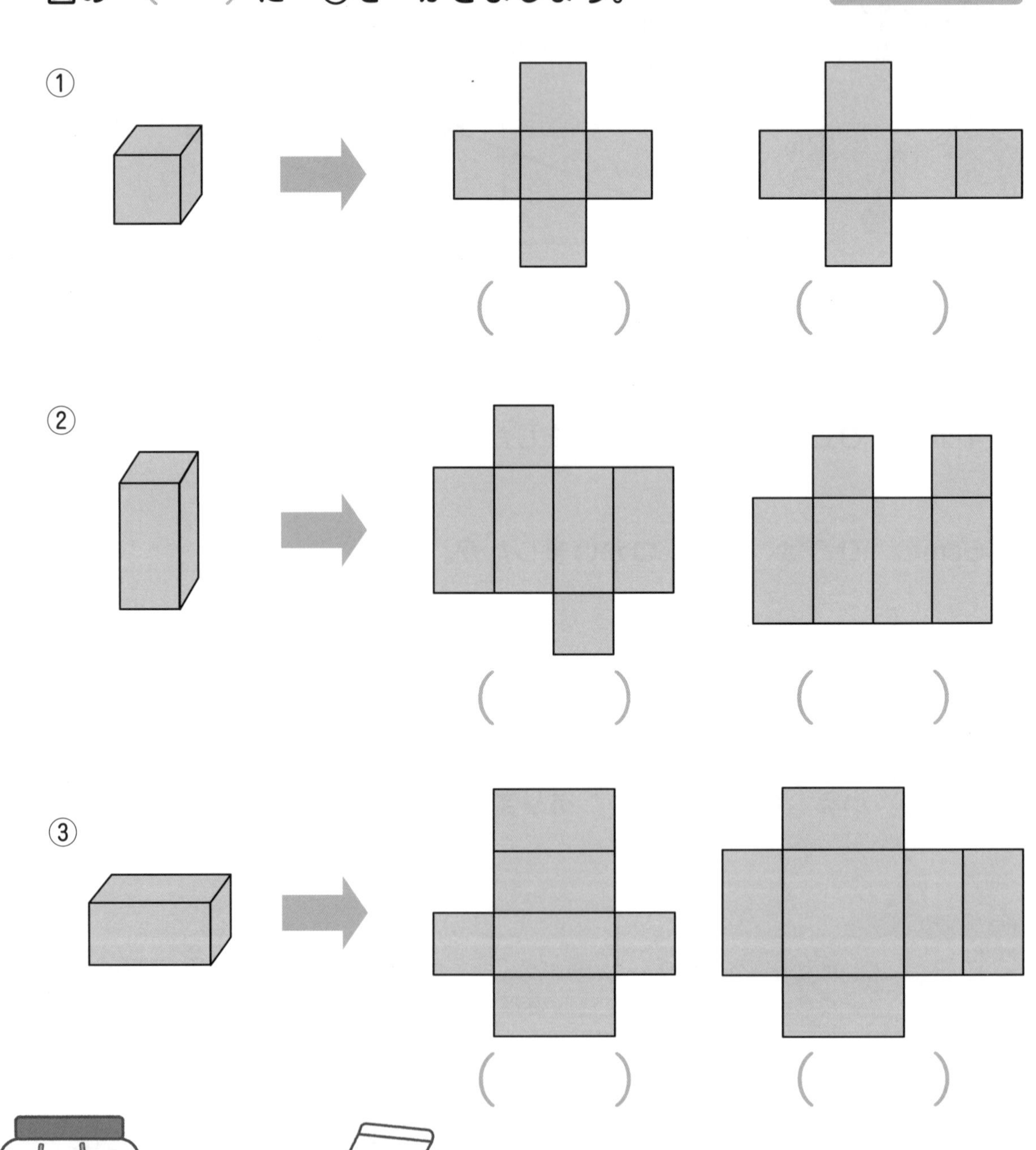

② はこを　ひらいた　図を　組み立てると　どの　はこが　できますか。線で　むすびましょう。

ぜんぶできて30点

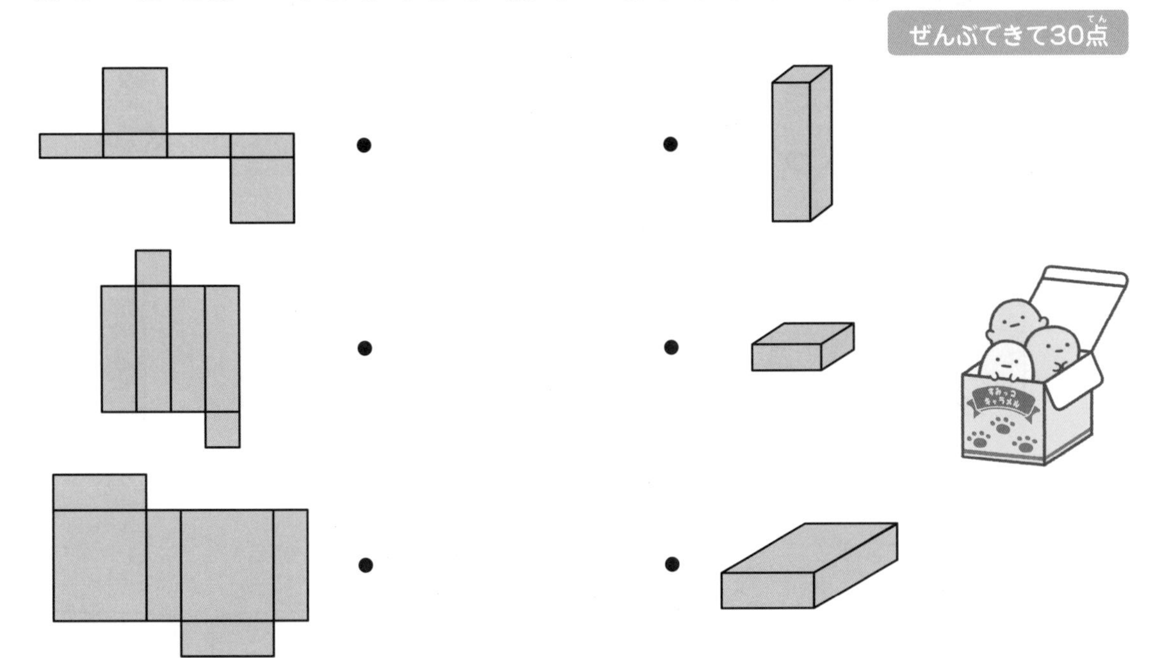

③ 右の　はこを　ひらいた　図を　かきましょう。

40点

3cm
2cm
1cm

面の　形と　へんの　長さに　ちゅう目しましょう。

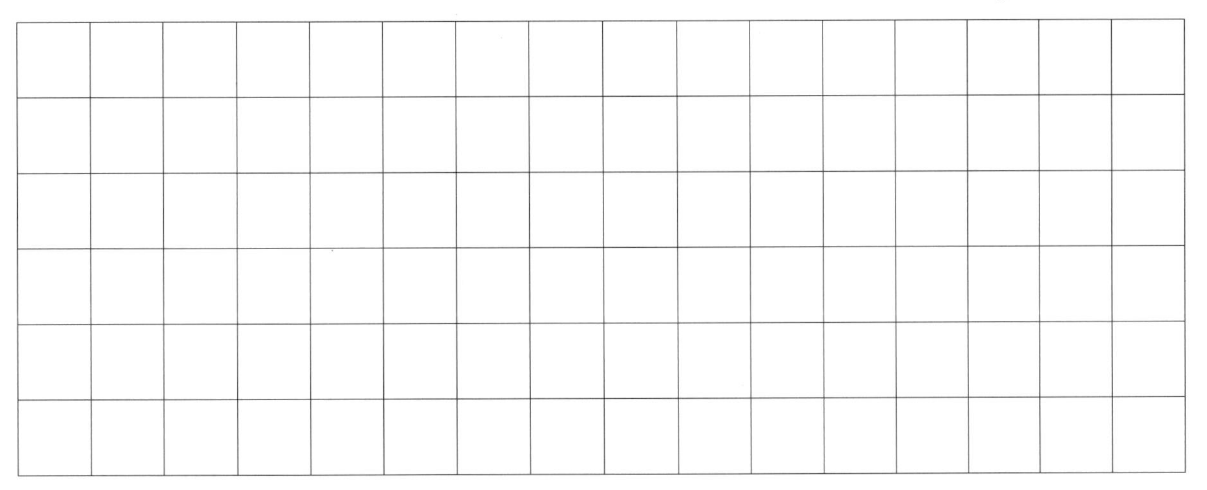

おぼえておこう

はこの　形を　ひらいても、面の　数と　大きさは　かわりません。

かさ かさくらべ①

❶ 入れものの　大きさは　それぞれ　同じです。水が　多く　入って　いるのは　どちらですか。（　）に　○を　かきましょう。

1つ5点(20点)

①（　　）（　　）

②（　　）（　　）

③（　　）（　　）

④（　　）（　　）

❷ 入れものの　大きさは　それぞれ　同じです。水が　多く　入って　いる　じゅんに、（　）に　番ごうを　書きましょう。

1つ5点(10点)

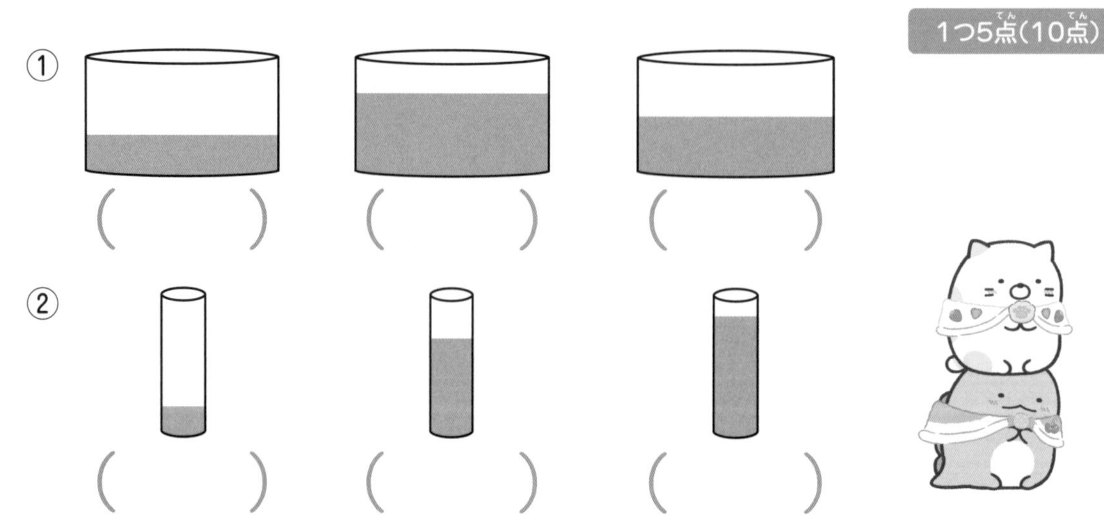

①（　　）（　　）（　　）

②（　　）（　　）（　　）

おぼえておこう

水の　りょうを　くらべる　ときは、同じ　大きさの　入れものに　うつしかえます。

3 水が　多く　入って　いるのは　どちらですか。（　　）に　○を　かきましょう。

1つ10点(40点)

同じ　高さの　水なら、入れものが　大きいほど
多くの　水が　入って　います。

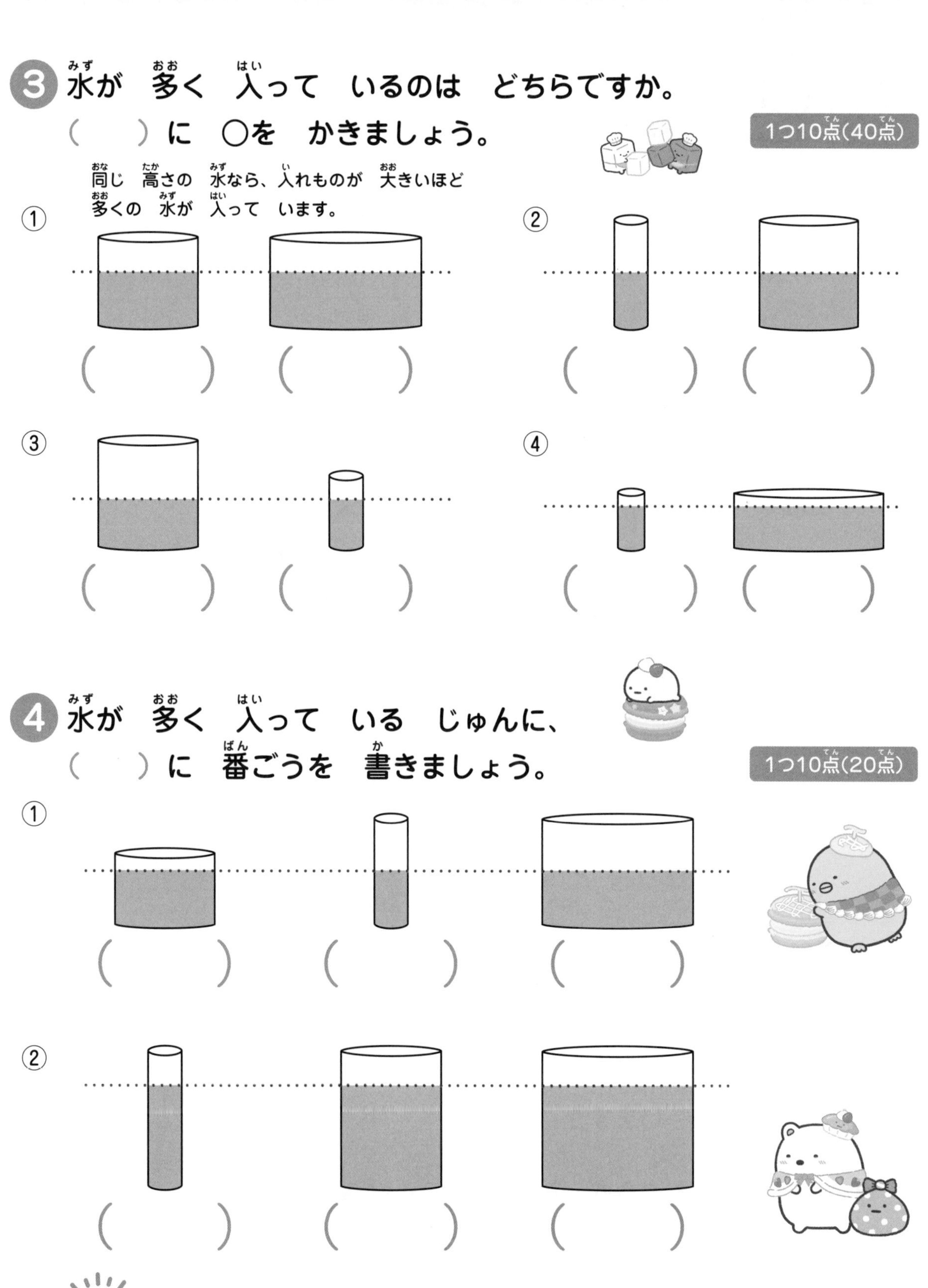

①（　　）（　　）
②（　　）（　　）
③（　　）（　　）
④（　　）（　　）

4 水が　多く　入って　いる　じゅんに、（　　）に　番ごうを　書きましょう。

1つ10点(20点)

①（　　）（　　）（　　）
②（　　）（　　）（　　）

おぼえておこう

水の　高さを　同じに　すると、入れものの　大きさで
水の　りょうを　くらべる　ことが　できます。

1 水が 多く 入って いるのは どちらですか。（ ）に ○を かきましょう。

10点

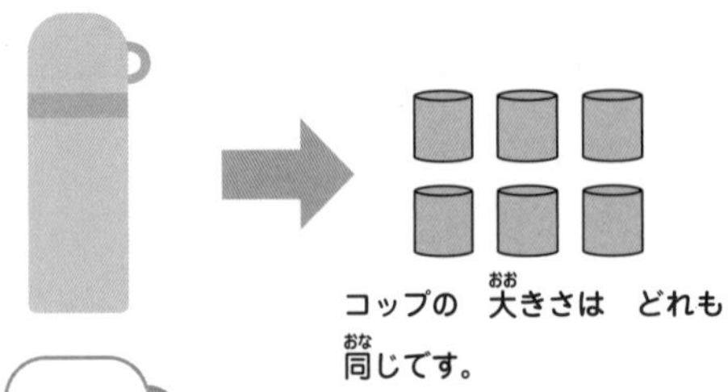

★緑の 水とうは コップ 6ぱい分、白の 水とうは コップ 8ぱい分です。

（ ）

コップの 大きさは どれも 同じです。

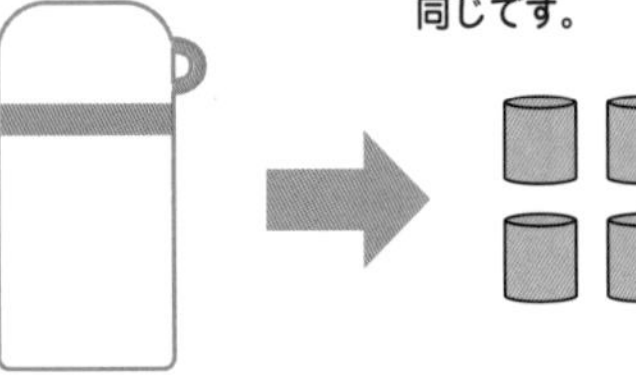

（ ）

2 水の りょうを くらべました。下の 図を 見て、答えましょう。

1つ10点（30点）

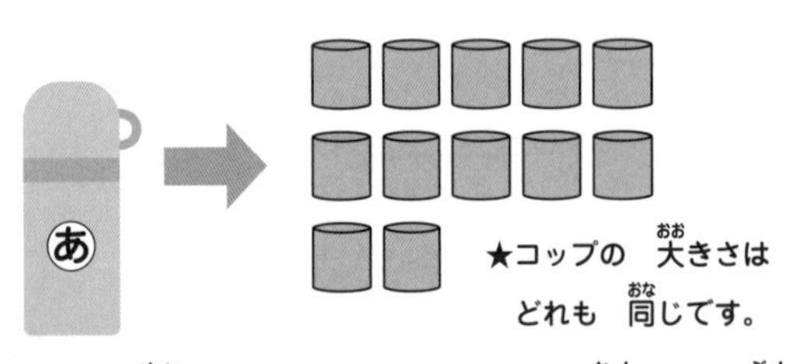

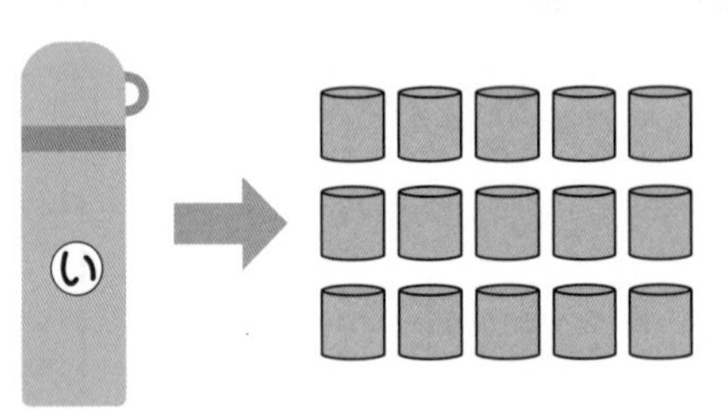

★コップの 大きさは どれも 同じです。

① あの 水とうは コップ 何ばい分の 水が 入って いますか。

□はい

② いの 水とうは コップ 何ばい分の 水が 入って いますか。

□はい

③ あと いは、どちらが どれだけ 多いですか。

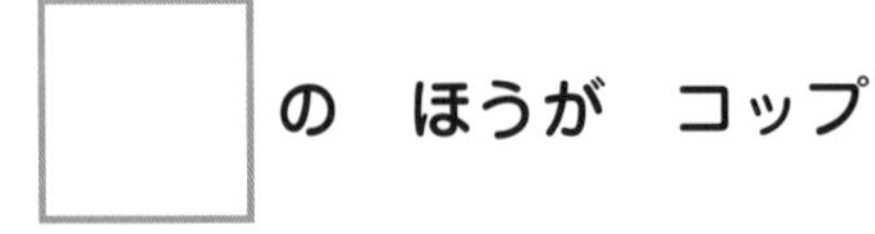

□の ほうが コップ □ばい分 多い。

おぼえておこう

同じ 大きさの 入れものを つかうと、水の りょうを 数で あらわす ことが できます。

③ どちらの　はこが　大きいですか。（　　）に　○を　かきましょう。

20点

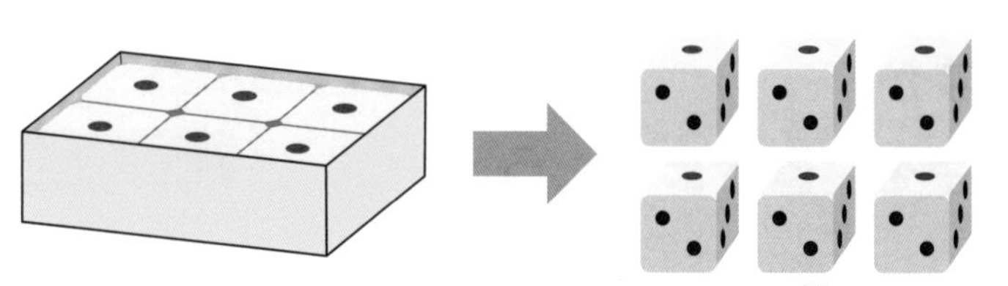

★黄色の　はこには　さいころが　6こ、緑の　はこには　さいころが　8こ　入ります。

（　　　）

さいころの　大きさは　どれも　同じです。

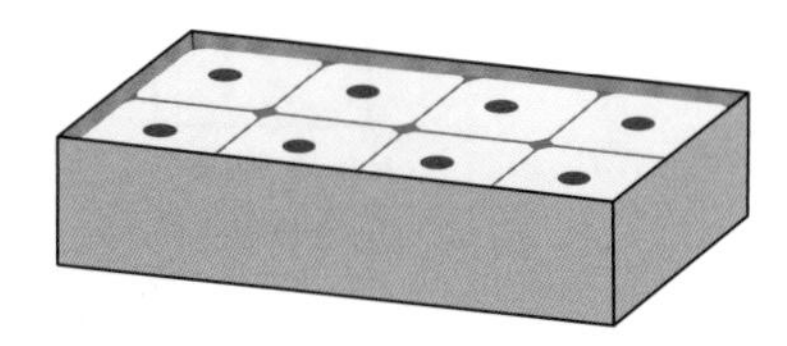

（　　　）

④ 大きさの　ちがう　はこが　3つ　あります。大きい　じゅんに　（　　）に　番ごうを　書きましょう。

1つ20点(40点)

①

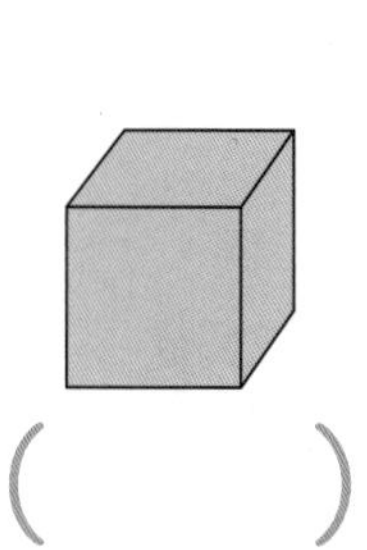

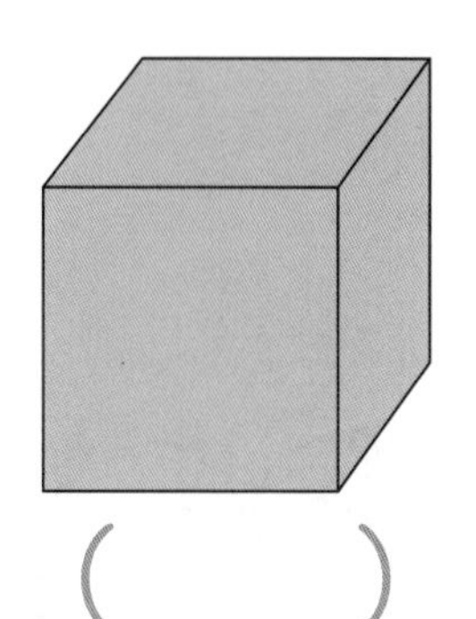

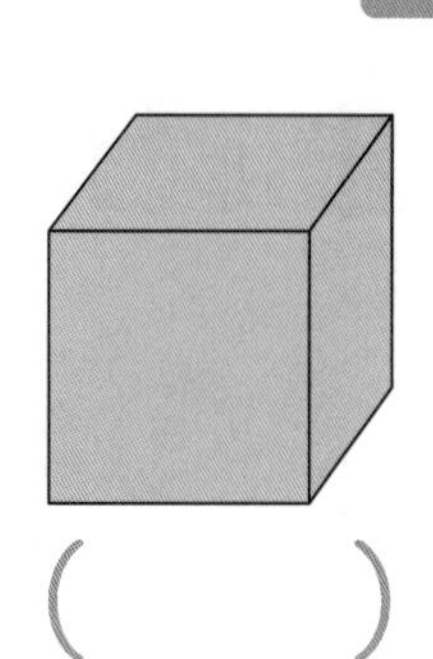

（　　　）　（　　　）　（　　　）

②

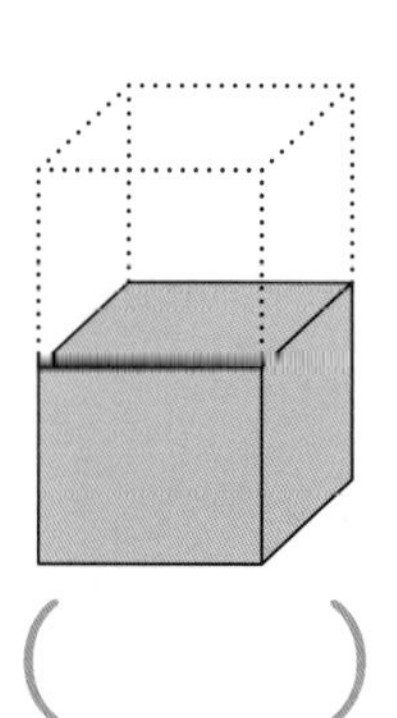

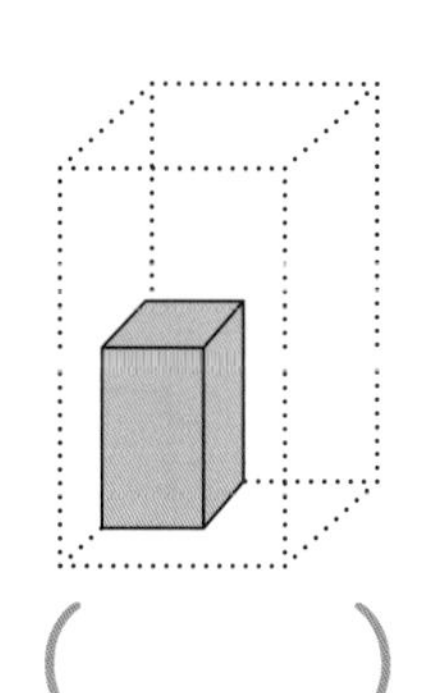

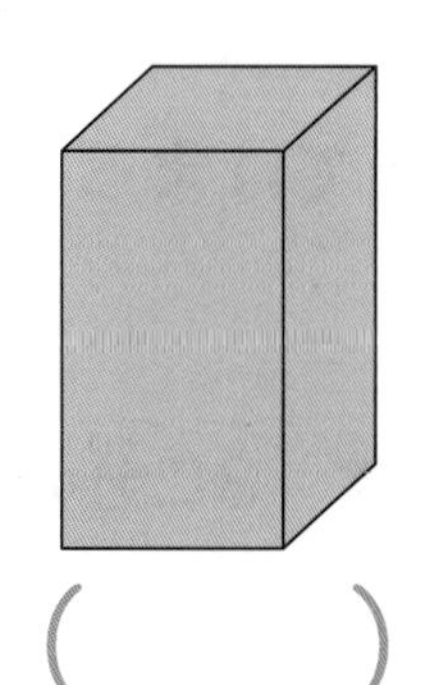

（　　　）　（　　　）　（　　　）

おぼえておこう

はこの　大きさを　くらべる　ときは、はこを　かさねたり、同じ　大きさの　ものを　入れたり　して　くらべます。

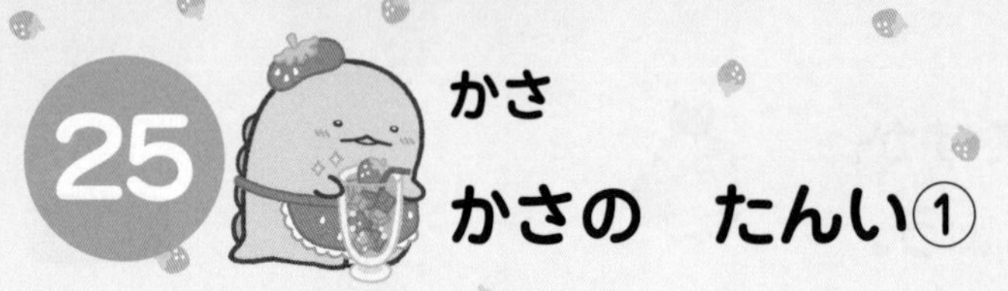

25 かさ
かさの　たんい①

1 水の　かさは　何dLですか。
□に　当てはまる　数字を　書きましょう。　1つ5点(15点)

① 1dL 1dL 1dL 1dL　□dL

② 

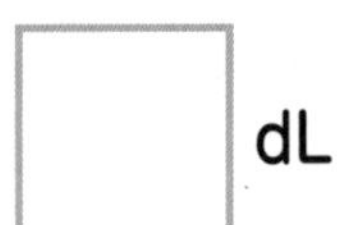

□dL

③ 1dL 1dL 1dL 1dL 1dL
1dL 1dL 1dL 1dL 1dL　□dL

2 □に　当てはまる　数字を　書きましょう。　1つ5点(15点)

① 1dLます　3こ分の　水の　かさは　□dLです。

② 1dLます　8こ分の　水の　かさは　□dLです。

③ 5dLの　水の　かさは　1dLますで　□こ分です。

3 右の　図を　見て、□に　当てはまる　記ごうと　数字を　書きましょう。

1つ15点(30点)

① あと　いでは、どちらの　ほうが　何dL　多いですか。

あ → 1dL 1dL 1dL 1dL

い → 1dL 1dL 1dL

□の　ほうが　□dL　多い。

② うと　えでは、どちらの　ほうが　何dL　少ないですか。

う → 1dL 1dL 1dL 1dL 1dL 1dL 1dL

え → 1dL 1dL 1dL 1dL 1dL 1dL 1dL 1dL 1dL

□の　ほうが　□dL　少ない。

4 もんだい文を　読んで　答えましょう。

1つ20点(40点)

① しろくまの　水とうには　9dL、ねこの　水とうには　7dL　お茶が　入って　います。どちらの　水とうの　ほうが　何dL　多いですか。

□の　水とうの　ほうが　□dL　多い。

② 青の　バケツには　7dL、黄色の　バケツには　10dL　水が　入って　います。どちらの　バケツの　ほうが　何dL　少ないですか。

□の　バケツの　ほうが　□dL　少ない。

おぼえておこう

水の　かさは　1デシリットルが　いくつ分　あるかで　あらわします。
デシリットルは　dLと　書きます。

かさの　たんい②

1 水の　かさは　何Lですか。

□に　当てはまる　数字を　書きましょう。

①

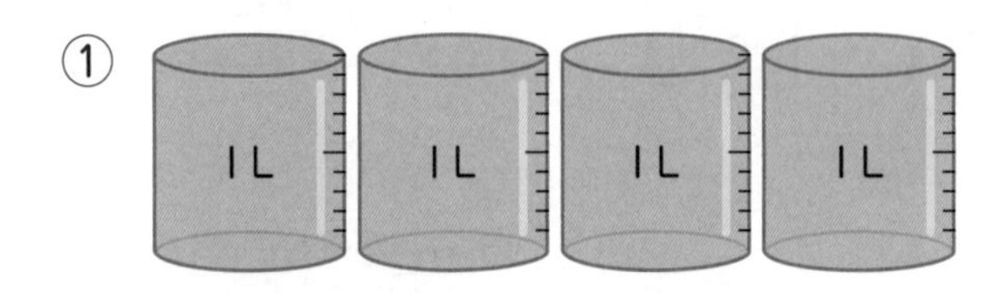

L

②

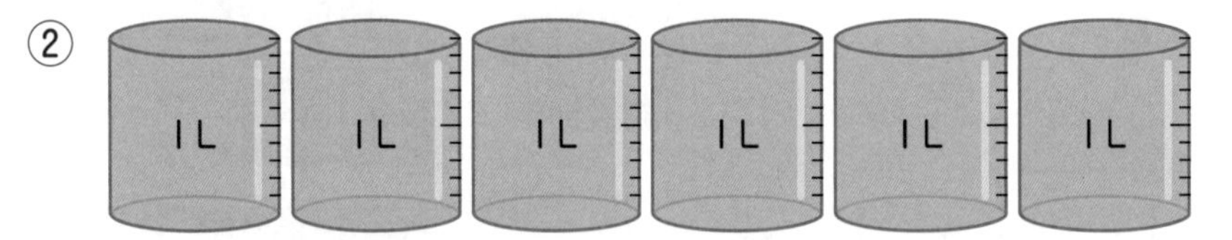

L

③

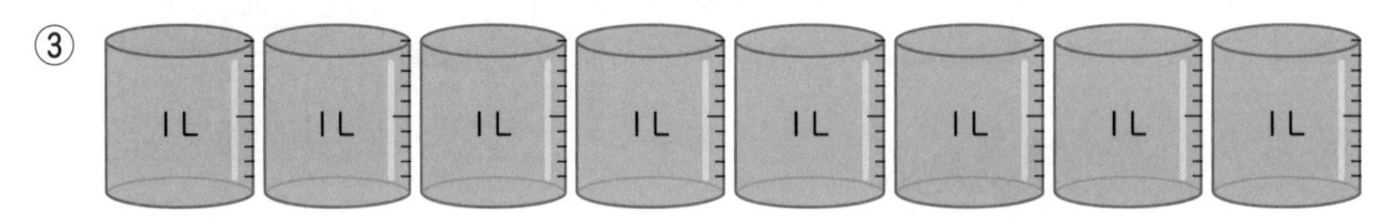

L

2 □に　当てはまる　数字を　書きましょう。

1つ5点(15点)

① 1Lます　5こ分の　水の　かさは　□　Lです。

② 1dLます　10こ分の　水の　かさは　□　Lです。

③ 3Lの　水の　かさは　1Lますで　□　こ分です。

3 水の　かさは　何L何dLですか。
□に　当てはまる　数字を　書きましょう。

1つ10点(30点)

① 1L　1dL　1dL　1dL

1Lと　3dLなので…

□L □dL

② 1L　1L　1L　1dL　1dL　1dL　1dL　1dL

□L □dL

③ 1L　1L　1dL　1dL　1dL　1dL　1dL　1dL　1dL

□L □dL

4 もんだい文を　読んで　答えましょう。

1つ20点(40点)

① 水色の　バケツには　7L、ピンク色の　バケツには　2L　水が入って　います。どちらの　バケツの　ほうが　何L　多いですか。

□の　バケツの　ほうが　□L　多い。

② 青の　バケツには　2L5dL、黄色の　バケツには　3L5dL　水が入って　います。どちらの　バケツの　ほうが　何L　少ないですか。

□の　バケツの　ほうが　□L　少ない。

おぼえておこう

たくさんの　かさを　あらわす　ときは、リットルと　いう　たんいをつかいます。リットルは　Lと　書きます。
1Lは　1dLの　ますが　10こ分の　かさです。10dLで　1Lに　なります。

かさ

かさの　たんい③

1 1dLますに　入って　いる　水の　かさは　何mLですか。
□に　当てはまる　数字を　書きましょう。
1dLますの　1めもりは　10mLです。　1つ5点(20点)

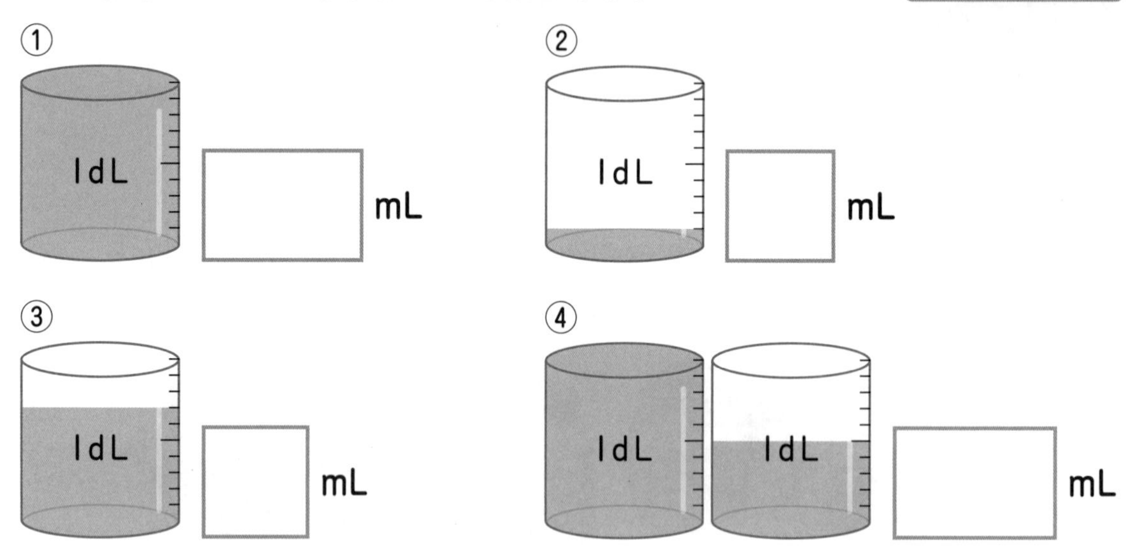

2 あと　いでは、どちらの　ほうが　何mL　多いですか。
□に　当てはまる　記ごうと　数字を　書きましょう。　10点

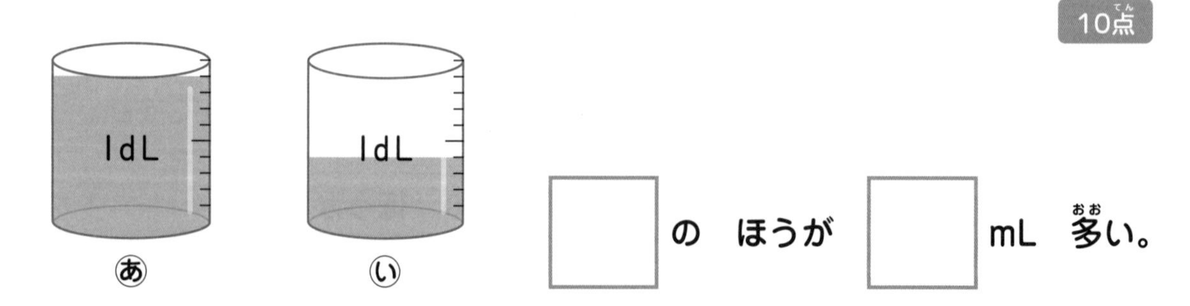

□の　ほうが　□mL　多い。

3 1Lますに　入って　いる　水の　かさは　何mLですか。
□に　当てはまる　数字を　書きましょう。
1Lますの　1めもりは　100mLです。

1つ10点（40点）

① 1L　□ mL

② 1L　□ mL

③ 1L　□ mL

④ 1L　1L　□ mL

4 もんだい文を　読んで　答えましょう。

1つ15点（30点）

① ねこは　400mL、しろくまは　500mL　ジュースを　のみました。
どちらが　何mL　多く　のみましたか。

□ の　ほうが　□ mL　多く　のんだ。

② とかげの　水とうには　700mL、とんかつの　水とうには
500mLの　お茶が　入って　います。どちらの　水とうの　ほうが
何mL　少ないですか。

□ の　水とうの　ほうが　□ mL　少ない。

おぼえておこう

dLより　少ない　かさを　あらわす　ときは、ミリリットルと　いう
たんいを　つかいます。ミリリットルは　mLと　書きます。
100mLで　1dL、1000mLで　1Lに　なります。

かさの　たんい④

1 1Lの　牛にゅうが　あります。□の　たんいに
おきかえましょう。　1つ2点(4点)

mL  ＿＿＿＿ mL

dL  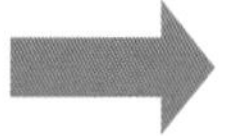 ＿＿＿＿ dL

2 □に　当てはまる　数字を　書きましょう。　1つ5点(40点)

① 3L = □ dL　　② 8L = □ dL

③ 1L2dL = □ dL　　④ 4L6dL = □ dL

⑤ 50dL = □ L　　⑥ 20dL = □ L

⑦ 23dL = □ L □ dL

⑧ 88dL = □ L □ dL

3 □に 当てはまる 数字を 書きましょう。

1つ7点(56点)

① 2dL = □ mL

② 3L = □ mL

③ 300mL = □ dL

④ 2000mL = □ L

⑤ 559dL = □ L □ dL

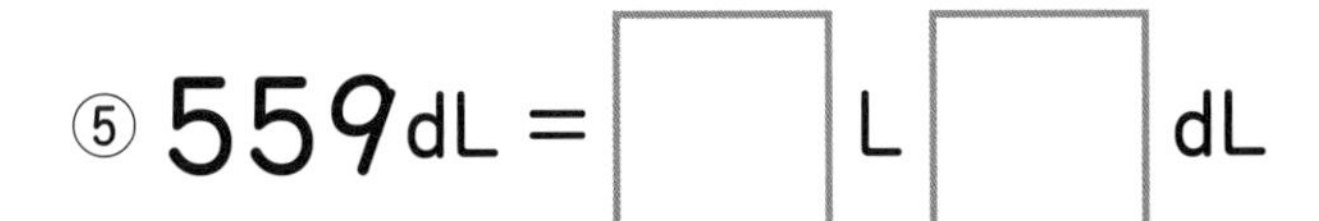

⑥ 550mL = □ dL □ mL

⑦ 5505mL = □ L □ dL □ mL

⑧ 8L7dL30mL = □ mL

かさの たんいは 大きな たんいや 小さな たんいに おきかえる ことが できます。

1L=10dL　1L=1000mL　1dL=100mL

29 かさ
かさの　たし算

1 かさの　たし算を　しましょう。

1つ5点(30点)

① 1L ＋ 1L 1L ＝ □ L

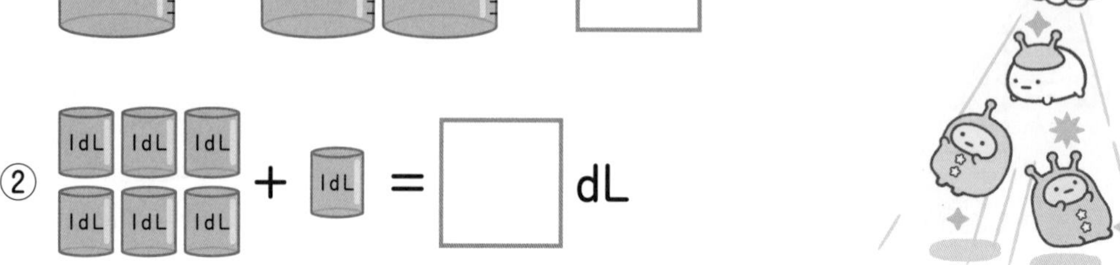

② 1dL 1dL 1dL 1dL 1dL 1dL ＋ 1dL ＝ □ dL

③ 1L 1dL 1dL ＋ 1L 1L 1L ＝ □ L □ dL

④ 1dL 1dL 1dL 1dL 1dL ＋ 1L 1L 1dL 1dL 1dL ＝ □ L □ dL

⑤ 1L 1dL 1dL ＋ 1L 1dL ＝ □ L □ dL

(1＋1) Lと　(2＋1) dLの　りょうです。

⑥ 1L 1L 1dL 1dL 1dL 1dL 1dL 1dL ＋ 1L 1L 1dL ＝ □ L □ dL

2 かさの　たし算を　しましょう。

1つ5点(40点)

① 2L ＋ 2L ＝ □ L　　② 3L ＋ 4L ＝ □ L

③ 6dL ＋ 2dL ＝ □ dL　　④ 3dL ＋ 5dL ＝ □ dL

⑤ 60mL ＋ 10mL ＝ □ mL

⑥ 20mL ＋ 5mL ＝ □ mL

⑦ 1L3dL ＋ 4dL ＝ □ L □ dL ＝ □ mL

⑧ 2L5dL ＋ 1L4dL ＝ □ L □ dL ＝ □ mL

（1＋1）Lと　（2＋1）dLの　りょうです。

3 もんだい文を　読んで　しきと　答えを　書きましょう。

1つ15点(30点)

① しろくまは　朝ごはんの　ときに　お茶を　200mL、お昼ごはんの
ときに、300mL　のみました。ぜんぶで　何mL　のみましたか。

しき □　　答え □

② 青い　バケツに　2L4dL、黄色い　バケツに　2L2dL
水が　入って　います。水は　合わせて　何L何dLに　なりますか。

しき □　　答え □

おぼえておこう

かさの　たし算の　計算は、同じ　たんいどうしで　します。

30 かさ
かさの　ひき算(さん)

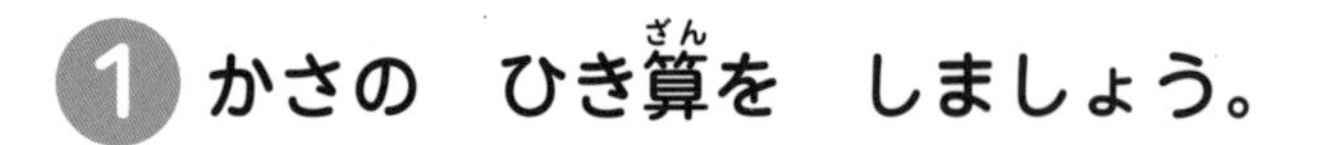

1 かさの　ひき算(ざん)を　しましょう。

1つ5点(30点)

① 1L 1L 1L 1L 1L − 1L 1L ＝ □ L

② 1dL 1dL 1dL 1dL 1dL 1dL 1dL 1dL − 1dL 1dL 1dL ＝ □ dL

③ 1L 1L 1L 1dL 1dL − 1L 1L ＝ □ L □ dL

④ 1L 1L 1dL 1dL 1dL 1dL 1dL 1dL − 1dL 1dL 1dL ＝ □ L □ dL

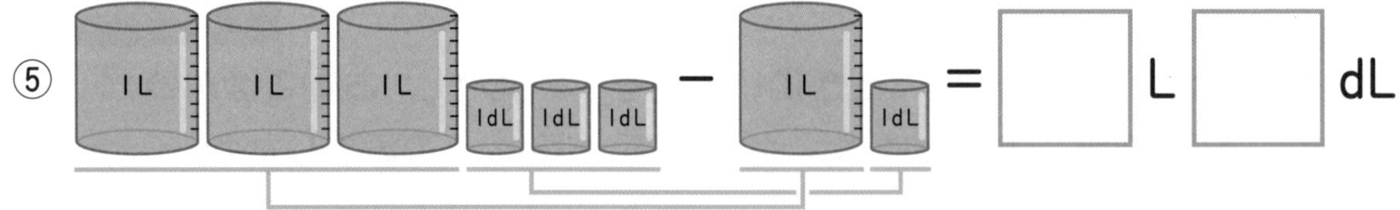

⑤ 1L 1L 1L 1dL 1dL 1dL − 1L 1dL ＝ □ L □ dL

(3−1) Lと　(3−1) dLの　りょうです。

⑥ 1L 1L 1dL 1dL 1dL 1dL 1dL 1dL 1dL 1dL − 1L 1dL 1dL ＝ □ L □ dL

② かさの　ひき算を　しましょう。

1つ5点(40点)

① 8L－3L＝□ L　　② 12L－5L＝□ L

③ 10dL－4dL＝□ dL　　④ 13dL－8dL＝□ dL

⑤ 100mL－20mL＝□ mL

⑥ 80mL－65mL＝□ mL

⑦ 5L－3L5dL＝□ L □ dL＝□ mL

★5Lを　4L10dLにして　考えると…

⑧ 8L6dL－2L4dL＝□ L □ dL

(8−2) Lと (6−4) dLの りょうです。

③ つぎの　もんだい文を　読んで　しきと　答えを　書きましょう。

1つ15点(30点)

① 900mLの　ジュースが　あります。ぺんぎん？は　400mL　のみました。のこりは　何mLですか。

しき □　　答え □

② バケツに　1L9dLの　水が　入っています。1dLますで　7はい分の　水を　つかいました。バケツに　のこって　いる　水は　何L何dLですか。

しき □　　答え □

おぼえておこう

かさの　ひき算の　計算は、同じ　たんいどうしで　します。

31 ひょうと グラフ 数を 分かりやすく あらわす

2年

月 日

点

1 それぞれの 色の たぴおかの 数を 数えて、ひょうと グラフを かんせいさせましょう。

ぜんぶできて30点

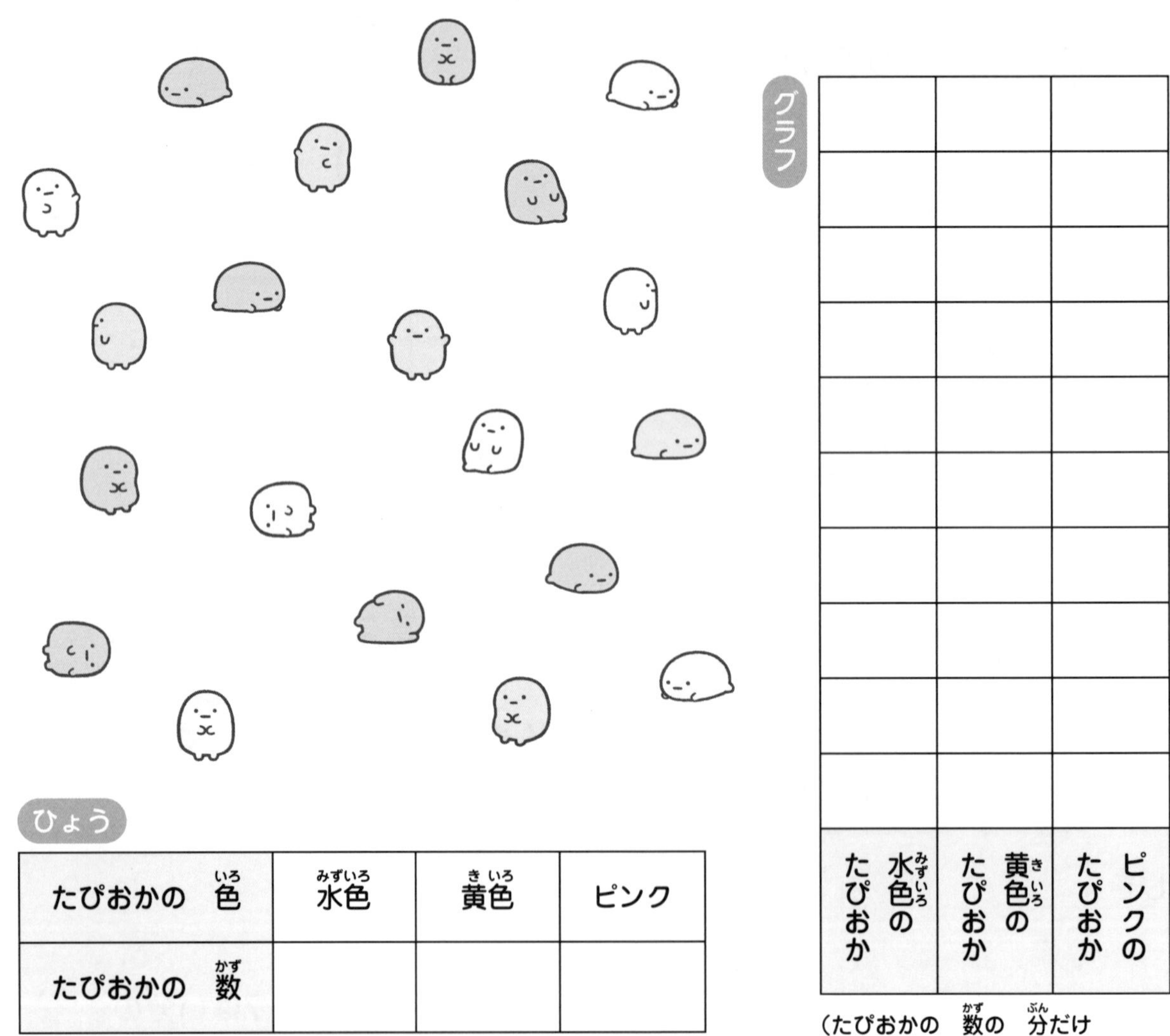

グラフ

水色のたぴおか	黄色のたぴおか	ピンクのたぴおか

（たぴおかの 数の 分だけ ○を かきましょう。）

ひょう

たぴおかの 色	水色	黄色	ピンク
たぴおかの 数			

（たぴおかの 数を 数字で 書きましょう。）

❷ どうぶつの　数を　数えて、ひょうと　グラフを　かんせいさせましょう。

ぜんぶできて　30点

ひょう

どうぶつの しゅるい				
どうぶつの 数				

（どうぶつの　数と　しゅるいを　書きましょう。）

（どうぶつの　数の　分だけ　○を　かきましょう。）

❸ 上の　ひょうと　グラフを　見て　答えましょう。

1つ20点(40点)

① いちばん　多い　どうぶつは　何ですか。

② いちばん　少ない　どうぶつは　何ですか。

おぼえておこう

ひょうや　グラフを　つかうと、数を　分かりやすく　あらわす ことが　できます。

1 ■の 形が 広いのは どちらですか。
（　）に ○を かきましょう。 10点

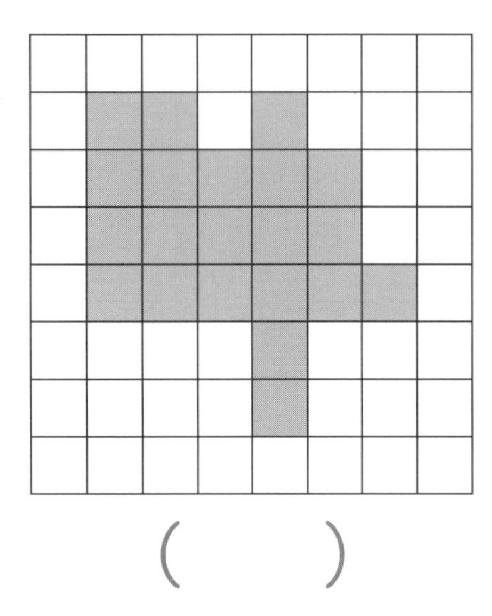
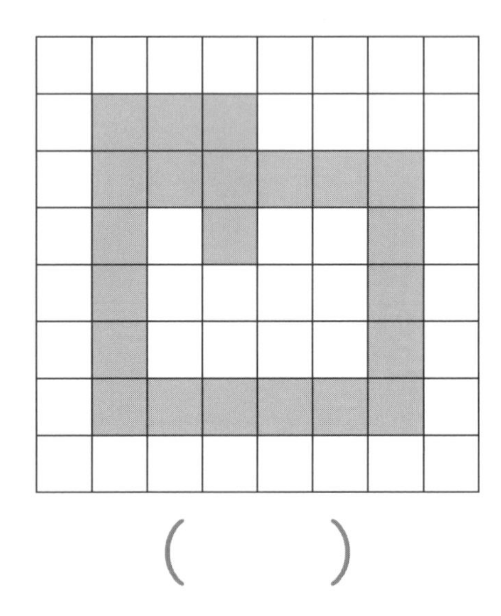

（　　）　　（　　）

2 ものさしを つかって 直線の 長さを はかり、
□に 答えを 書きましょう。 1つ10点(30点)

①

□ cm

②

□ cm

③

□ cm

3 長さの 計算を しましょう。

1つ5点(30点)

① 3cm ＋ 1cm ＝ □ cm　② 4mm ＋ 3mm ＝ □ mm

③ 9mm − 3mm ＝ □ mm　④ 18m − 6m ＝ □ m

⑤ 14m90cm ＋ 8m ＝ □ m □ cm

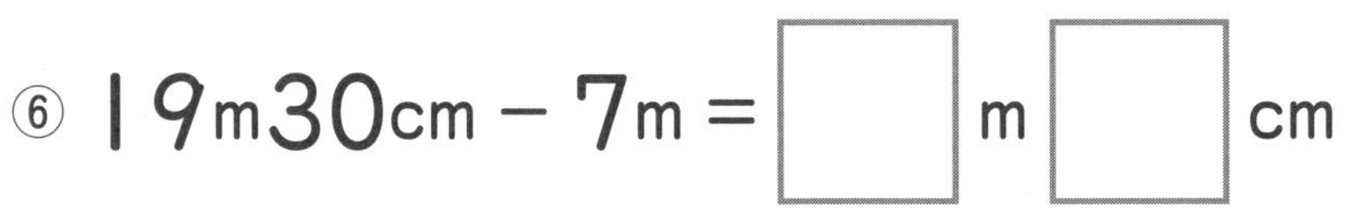

⑥ 19m30cm − 7m ＝ □ m □ cm

4 つぎの 計算を □ の たんいに そろえて 計算しましょう。

1つ15点(30点)

① 1m20cm ＋ 60cm

cm に そろえる　しき □

答え □ cm → □ m □ cm

② 2m10cm − 70cm

cm に そろえる　しき □

答え  cm → 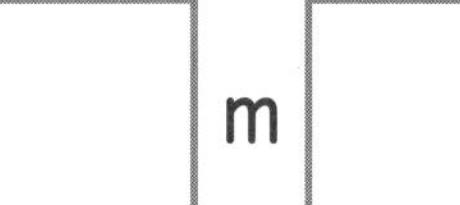

33 まとめの　テスト②

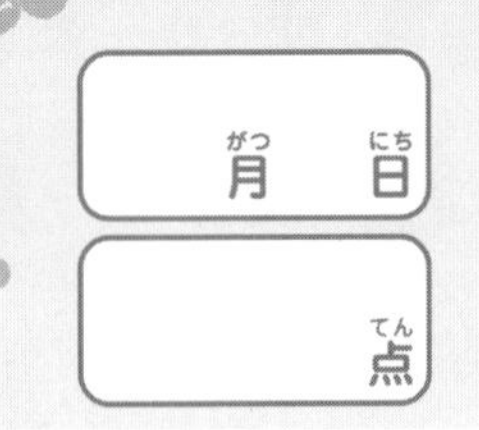

1 [　　]の　中の　時間に　なるように　長い　はりと　みじかい　はりを　かきましょう。

1つ7点(35点)

① [2時 20分]

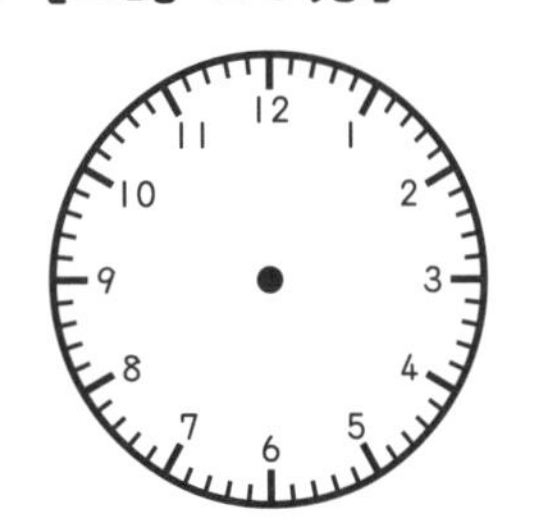

② [11時 2分]

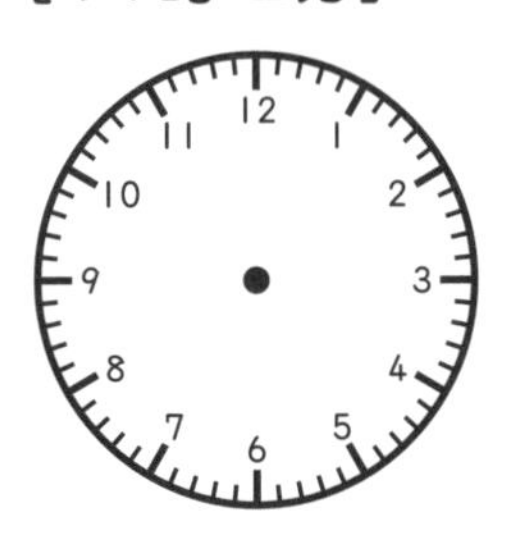

③ [8時 50分]

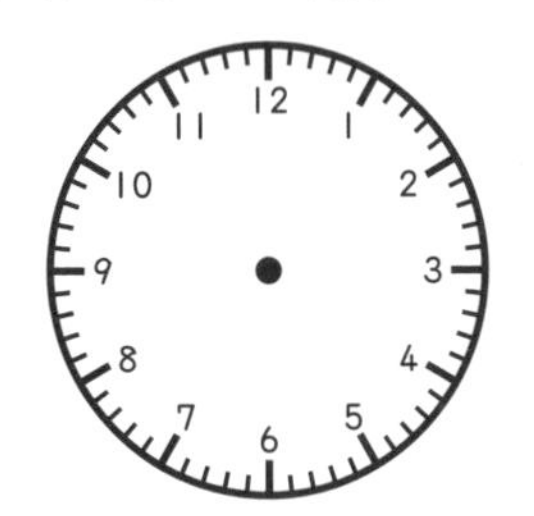

④ [12時 23分]

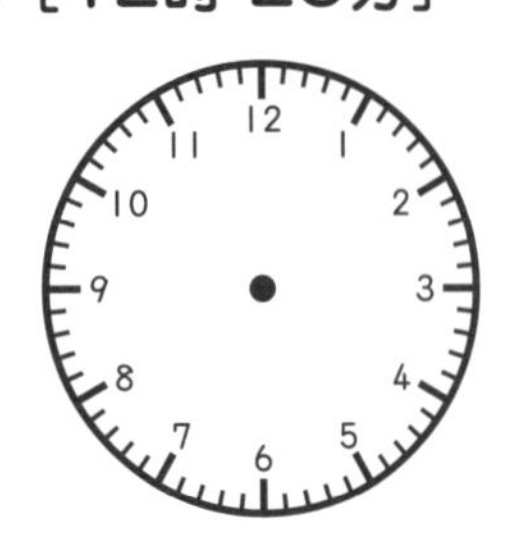

⑤ [10時 42分]

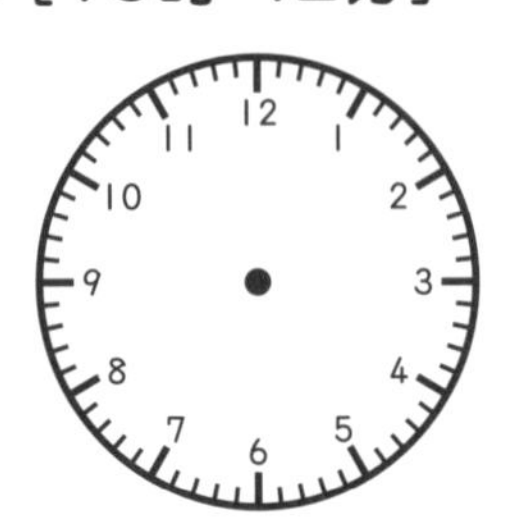

2 時計の　時こくを　見て　□に　当てはまる　数字を　書きましょう。

1つ5点(20点)

① 4時間前は  時

② 4時間後は  時

③ 45分前は  時 □ 分

④ 45分後は  時 □ 分

3 右の　図を　見て　答えましょう。

1つ5点(15点)

① 長方形の　あの　長さは　何cmですか。

 cm

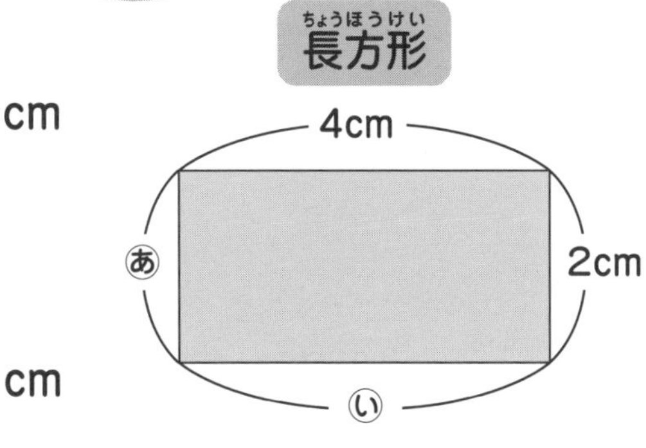

② 長方形の　いの　長さは　何cmですか。

□ cm

③ 正方形の　まわりの　長さは　ぜんぶで
何cmですか。

 cm

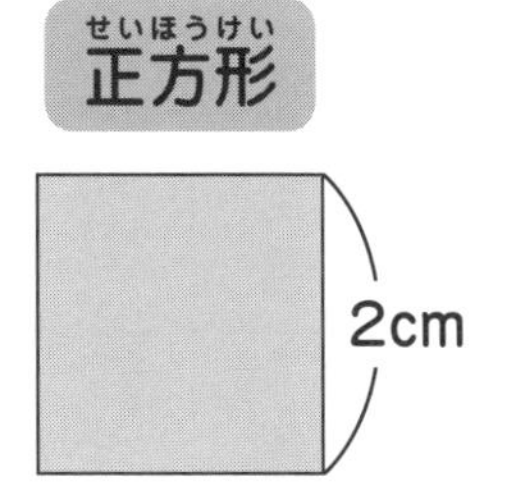

4 つぎの　図形を　かきましょう。

1つ10点(30点)

① たて5cm、よこ2cmの　長方形
② 1つの　へんが　4cmの　正方形
③ 2cmと　6cmの　へんが　ある　直角三角形

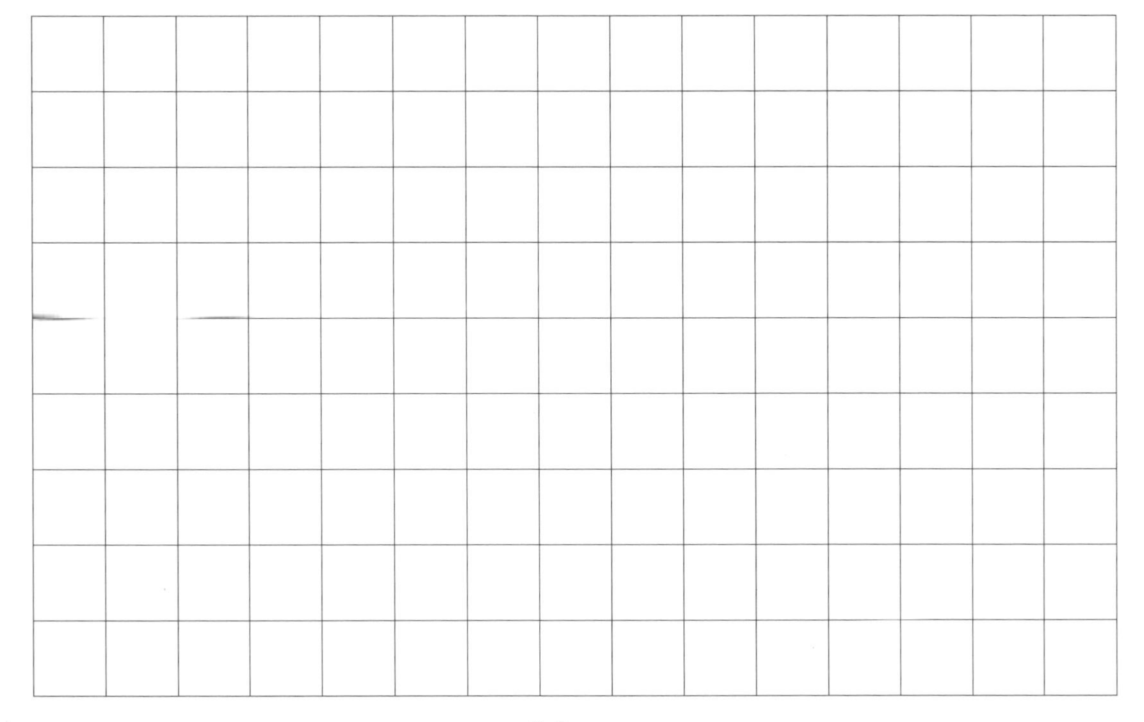

まとめの　テスト③

1 右の　はこを　ひらいた図を　かきましょう。　20点

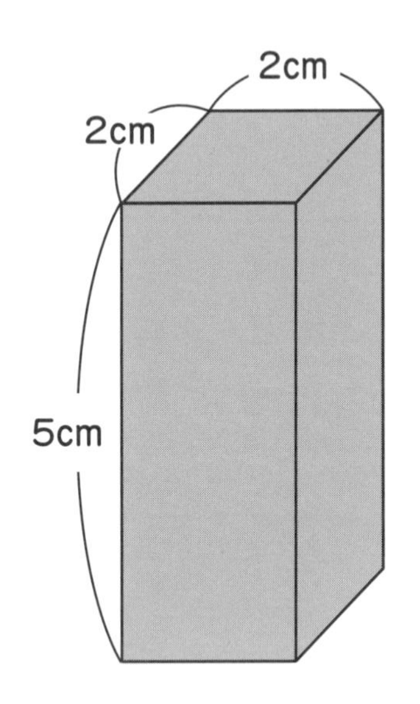

2 水が　多く　入って　いる　じゅんに、
（　）に　番ごうを　書きましょう。　1つ10点(20点)

①

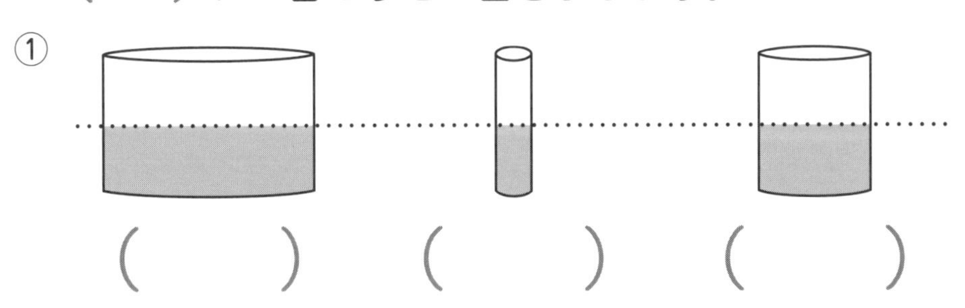

②

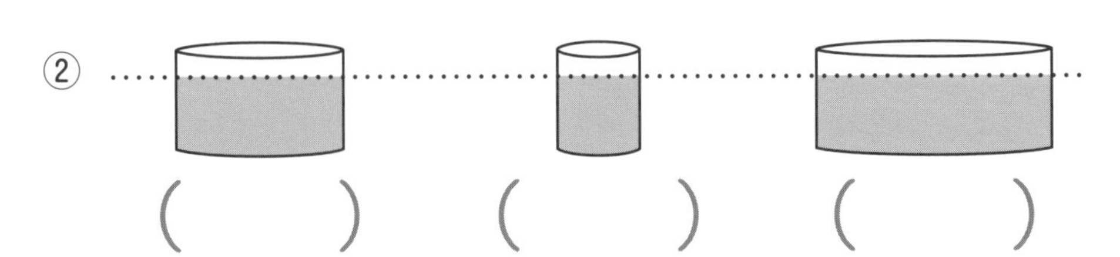

③ もんだい文を　読んで　答えましょう。　1つ10点(30点)

① とかげの　水とうには　5dL、とんかつの　水とうには　8dL　お茶が入って　います。どちらの　水とうの　ほうが　何dL　多いですか。

□ の　水とうの　ほうが　□ dL　多い。

② 青の　バケツには　4L8dL、黄色の　バケツには　3L5dL水が　入って　います。どちらの　バケツが　何L何dL　少ないですか。

□ の　バケツの　ほうが　□ L □ dL　少ない。

③ しろくまは　お茶を　800mL、ねこは　400mL　のみました。どちらの　ほうが　何mL　多く　のみましたか。

□ の　ほうが　□ mL　多く　のんだ。

④ □に　当てはまる　数字を　書きましょう。　1つ5点(30点)

① 5L = □ dL

② 30dL = □ L

③ 3dL = □ mL

④ 2L = □ mL

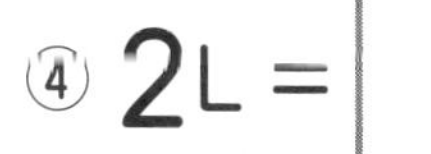

⑤ 650mL = □ dL □ mL

⑥ 3303mL = □ L □ dL □ mL

35 まとめの テスト④

1 かさの たし算を しましょう。

1つ5点(35点)

① 7L＋2L＝□L　② 8L＋8L＝□L

③ 5dL＋2dL＝□dL　④ 4dL＋5dL＝□dL

⑤ 30mL＋10mL＝□mL

⑥ 60mL＋5mL＝□mL

⑦ 3L 3dL＋2L 2dL＝□L □dL

2 かさの ひき算を しましょう。

1つ5点(35点)

① 9L－3L＝□L　② 13L－5L＝□L

③ 11dL－4dL＝□dL　④ 16dL－8dL＝□dL

⑤ 100mL－70mL＝□mL

⑥ 95mL－35mL＝□mL

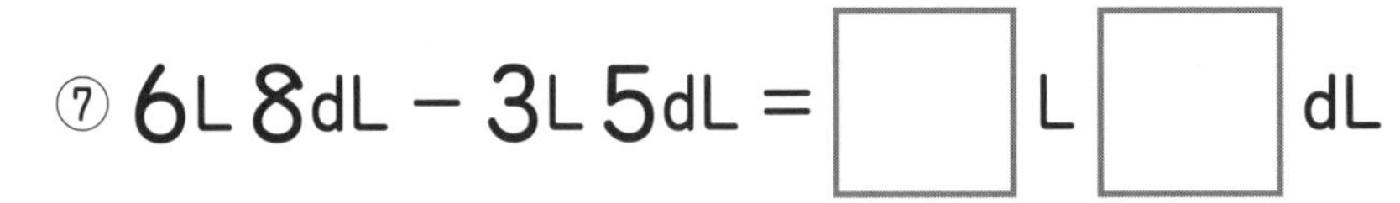

⑦ 6L 8dL－3L 5dL＝□L □dL

3 野さいの　数を　数えて、ひょうと　グラフを　かんせいさせましょう。

ぜんぶできて10点

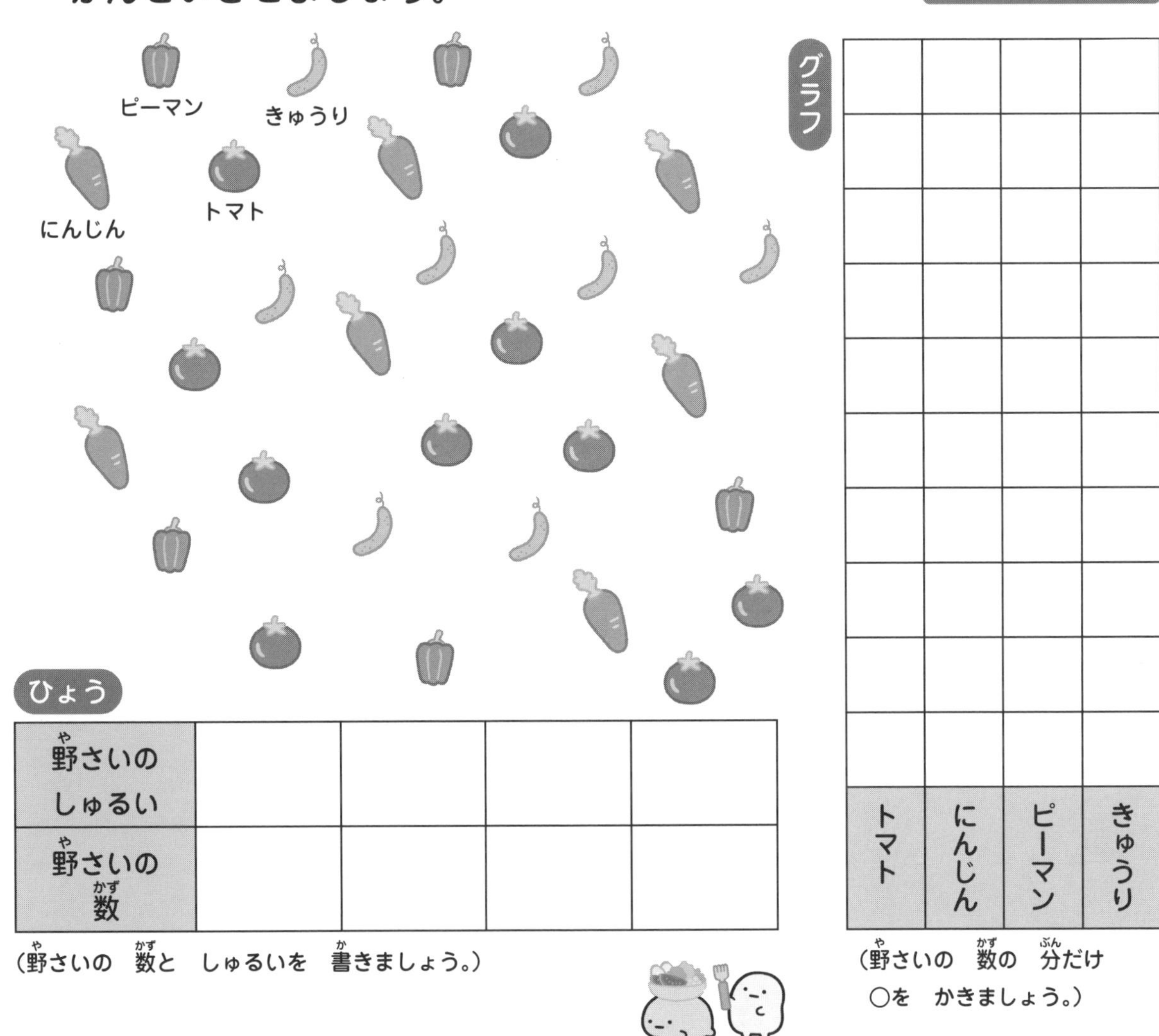

ひょう

野さいの しゅるい				
野さいの 数				

（野さいの　数と　しゅるいを　書きましょう。）

グラフ

トマト	にんじん	ピーマン	きゅうり

（野さいの　数の　分だけ　○を　かきましょう。）

4 上の　ひょうと　グラフを　見て　答えましょう。

1つ10点（20点）

① いちばん　多い　野さいは　何ですか。

② いちばん　少ない　野さいは　何ですか。

答え合わせ

4·5ページ

1 広さくらべ①

1 ①

（　）（　）（○）

②

（　）（○）（　）

2 ①い　②あ

3 ①あ　②い

4 とかげ→ねこ→しろくま

6·7ページ

2 広さくらべ②

1 ①8　②12

2 ①

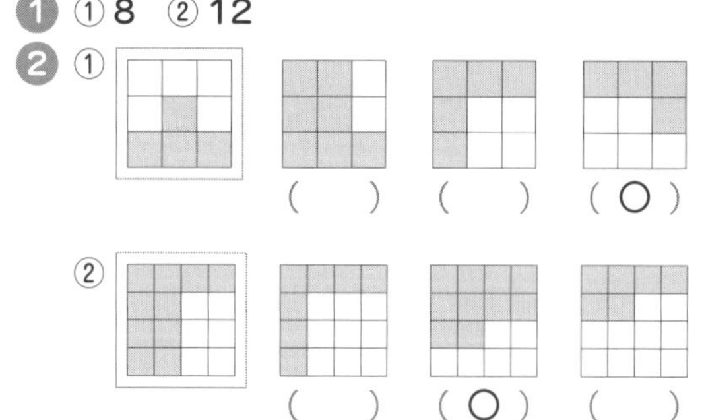

（　）（　）（○）

②

（　）（○）（　）

3 ①青・2　②黄色・4

4

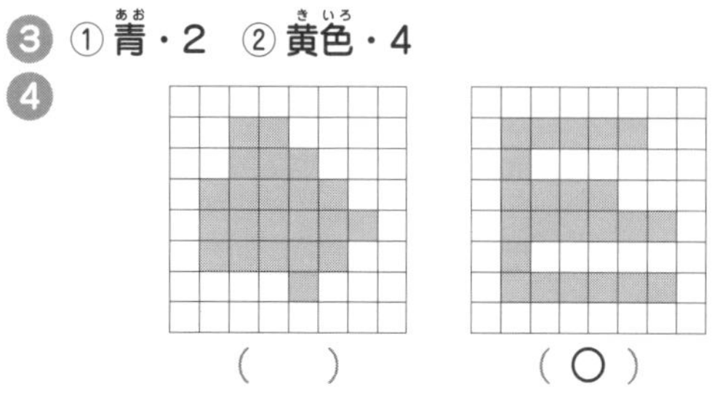

（　）（○）

8·9ページ

3 長さくらべ①

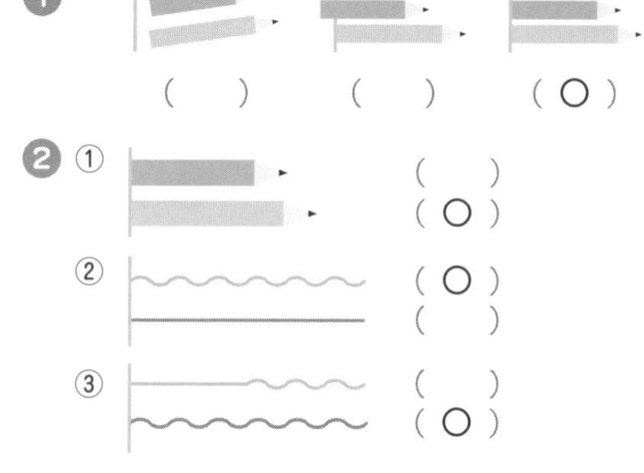

1

（　）（　）（○）

2 ①

（　）
（○）

②

（○）
（　）

③

（　）
（○）

3 ①よこ　②たて

4 ①たて　②よこ

10·11ページ

4 長さくらべ②

1 ①あ　②い

2 ①い・1　②あ・4

3 ①8　②3

③のり・1　④えんぴつ・4

12·13ページ

5 長さの　たんい①

1

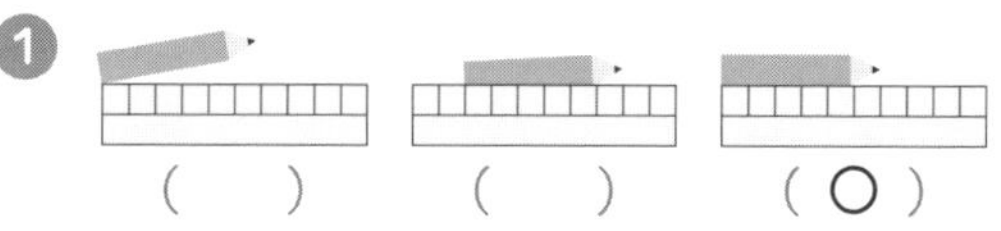

（　）（　）（○）

2 ①8　②13

3 ①5　②7　③12

4 たての　長さ…3　よこの　長さ…8

よこ・5

14·15ページ

6 長さの　たんい②

1 ①3　②9　③6

2 ①1・1　②1・9　③2・7　④5・2

3 ①8・7　②10・4

4 ※定規で長さを測って、
答え合わせをしてください。

5 ぺんぎん？

16・17ページ

7 長(なが)さの　たんい③

1 ①30　②60　③100

2 ①100　②3・10　③2

3 ①1・10　②1・50　③1・90

4 ①3・30　②5・90

5 えんぴつの　長(なが)さ　12□ — cm
プールの　長(なが)さ　25□ — m
ノートの　あつさ　5□ — mm

18・19ページ

8 長(なが)さの　たんい④

1 ①3・3　②8・8・5

2 ①1　②2　③10　④22
⑤50　⑥130　⑦6・6　⑧11・2

3 ①2・2　②3・3・50

4 ①1　②3　③9　④500
⑤800　⑥1000　⑦8・20　⑧2・81

20・21ページ

9 長(なが)さの　たし算(ざん)と　ひき算(ざん)①

1 ①4　②11　③8　④12　⑤9

2 ①3　②9　③4　④8　⑤2　⑥7

3 ①3・3　②9・4　③3・9　④9・40

4 ①2・8　②10・4　③6・8

22・23ページ

10 長(なが)さの　たし算(ざん)と　ひき算(ざん)②

1 ①　2cm + 5mm = 2cm 5mm
↓　↑
20 mm + 5mm = 25 mm

②　3cm + 65mm = 9cm 5mm
↓　↑
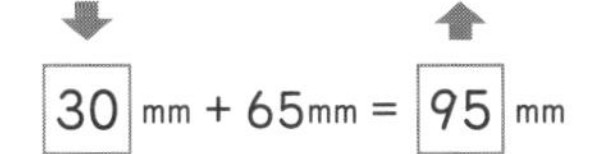
30 mm + 65mm = 95 mm

③　2m − 80cm = 1m 20cm
↓　↑
200 cm − 80cm = 120 cm

④　3m − 50cm = 2m 50cm
↓　↑
300 cm − 50cm = 250 cm

2 ①（しき）52mm＋7mm＝59mm
（答(こた)え）59→5・9
②（しき）74mm−9mm＝65mm
（答(こた)え）65→6・5
③（しき）230cm＋50cm＝280cm
（答(こた)え）280→2・80
④（しき）320cm−80cm＝240cm
（答(こた)え）240→2・40

※（しき）のこの部分(ぶぶん)は省略(しょうりゃく)してもかまいません。
学校(がっこう)で習(なら)った書(か)き方(かた)に合(あ)わせてください。

24・25ページ

11 何時何分(なんじなんぷん)

1 ①3　②10　③12

2 ①5　②9　③2

3 ①　②

4 ①9・6　②10・11　③3・18
④4・20　⑤7・33　⑥11・47

5 ①　②

③

26・27ページ

12 1時間(じかん)は　60分(ぷん)

1 ①60　②120　③240　④360
⑤70　⑥80　⑦90　⑧130

2 ①2　②90

3 ①1　②3　③5　④9
⑤1・30　⑥1・50　⑦2・20　⑧3・10

4 ①しろくま　②とんかつ

28・29ページ

13 午前(ごぜん)と　午後(ごご)

1 ①午前(ごぜん)6・30　②午後(ごご)9・40
③午前(ごぜん)11・45　④午後(ごご)1・15
⑤午後(ごご)4・50

2 ①午前(ごぜん)5・30　②午前(ごぜん)10・45
③午前(ごぜん)11・50　④午後(ごご)1・30
⑤とかげ　⑥とかげ

30・31ページ

14 何時間、何分間

❶ ①1 ②4 ③4 ④3 ⑤7

❷ ①45 ②50 ③35 ④65

❸ ①5 ②45

32・33ページ

15 何時間前と 何時間後

❶ ①3 ②5 ③7 ④11 ⑤7 ⑥1

❷ ①午前9 ②午後1 ③午後4
④午前2 ⑤午前9 ⑥午後3

❸ ①午後3 ②午後8

34・35ページ

16 何分前と 何分後

❶ ①8・50 ②9・10 ③3・10
④3・50 ⑤5・20 ⑥6・50

❷ ①

午前

②

午後

③

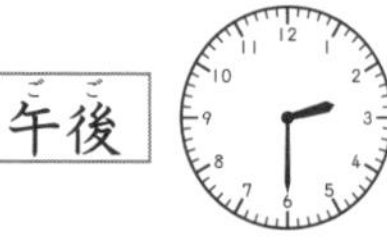
午後

❸ ①午前11・45 ②午後1

36・37ページ

17 いろいろな 形

❶ ①

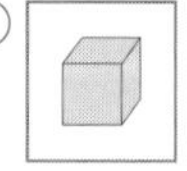

( )

(○)

( )

②

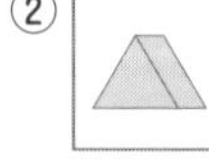

( )

(○)

( )

❷ ①

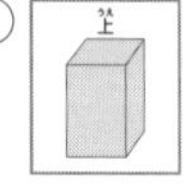

( )

(○)
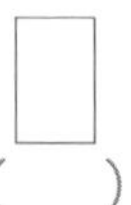
( )

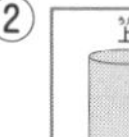
②

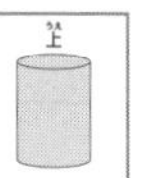

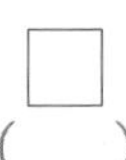
( )

( )

(○)

❸ ①

(○) (○) (   ) (○)

②

(   ) (   ) (○) (○)

❹ ①

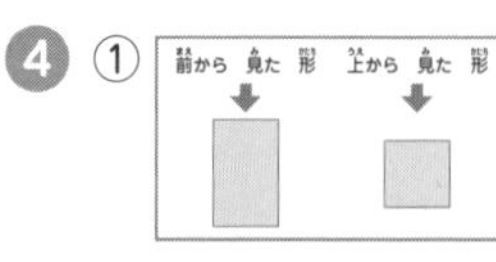

(   )

(○)

②

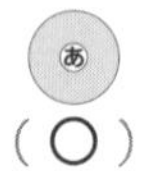

(○)

(   )

38・39ページ

18 形づくり

❶ ①2 ②3 ③4

❷ ①

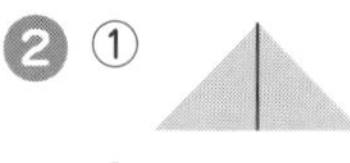

②

(別解)

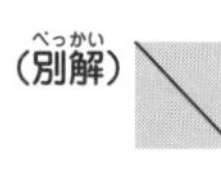

③

(別解)

④

(別解)

⑤

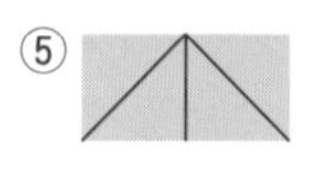

(別解)

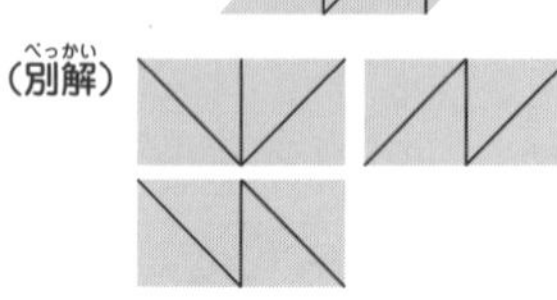

⑥

❸ ①2 ②5

❹ ①

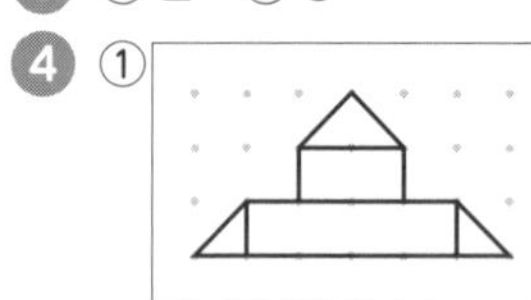

②

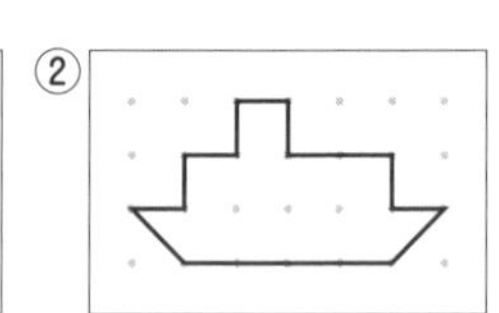

40・41ページ

19 三角形と 四角形①

❶ あ・う・お

❷ い・お・か

❸ ①あ ②い

❹ れい ①

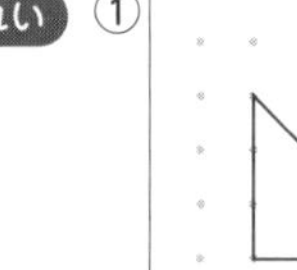

②

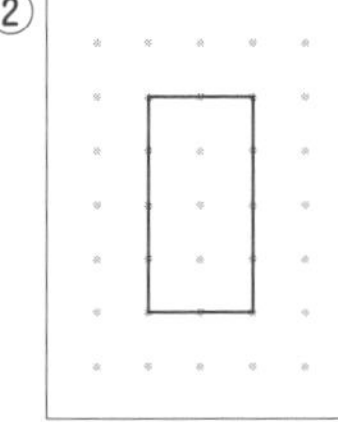

42・43ページ

20 三角形と　四角形②

❶ ①5　②3　③4　④16

❷ ㋒・㋕

❸ れい

44・45ページ

21 はこの　形①

❶ ①6　②長方形

❷ ①4　②2

❸ ①8　②4　③4　④4　⑤2

46・47ページ

22 はこの　形②

❶

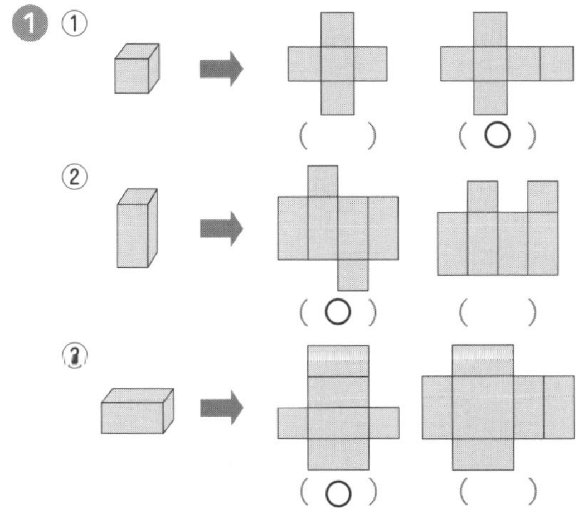

❷

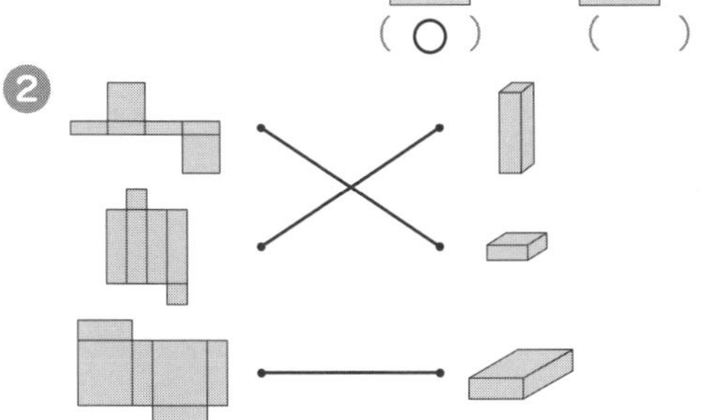

❸ れい

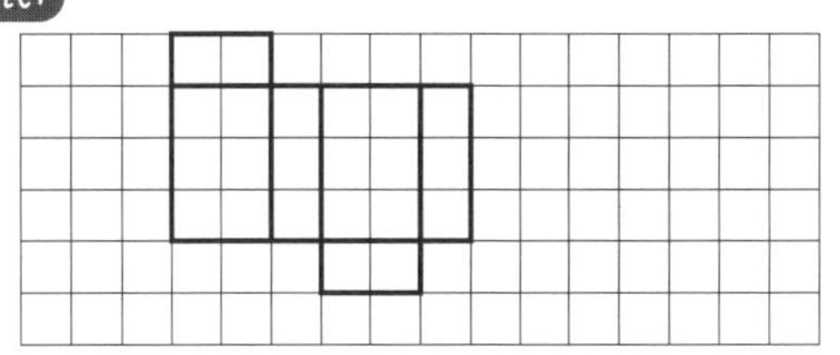

48・49ページ

23 かさくらべ①

❶

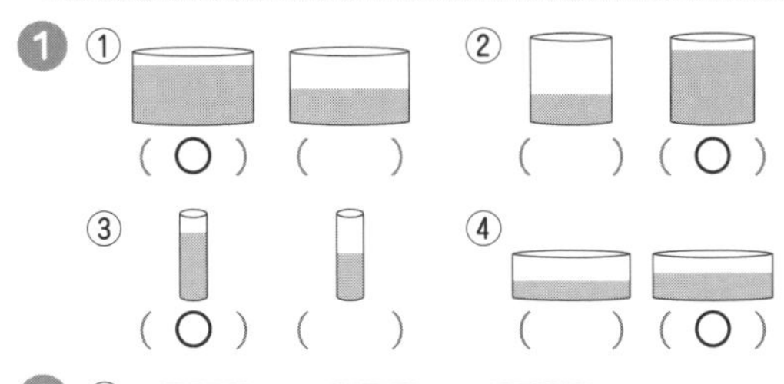

❷

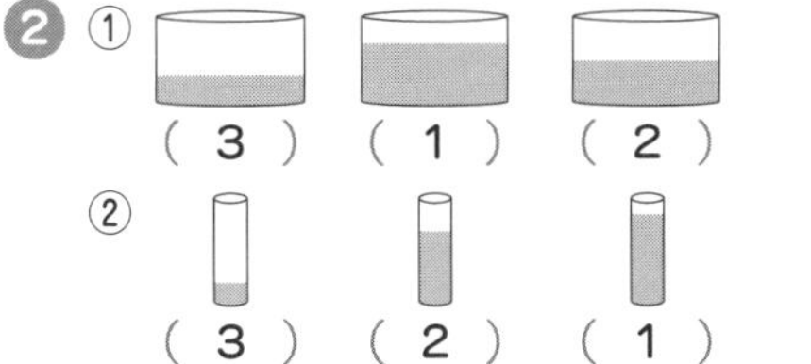

❸

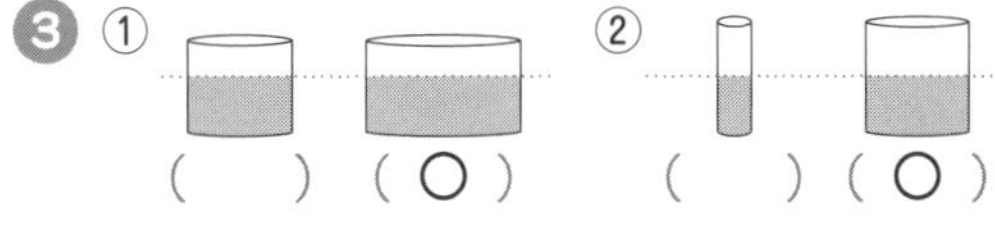

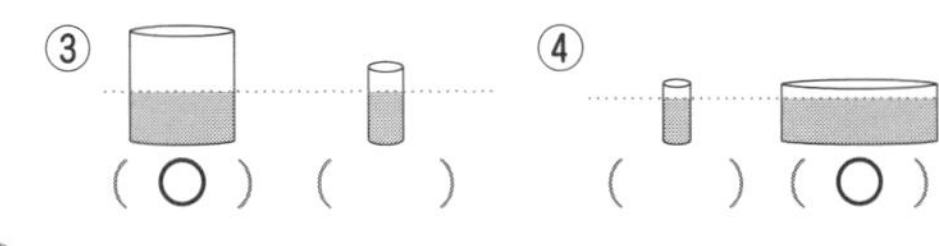

❹

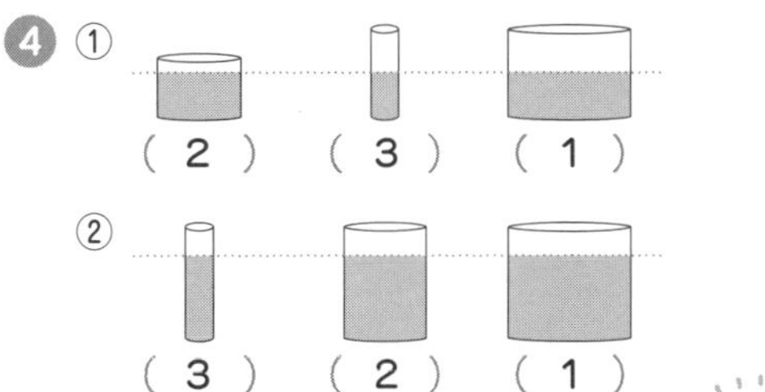

50・51ページ

24 かさくらべ②

❶

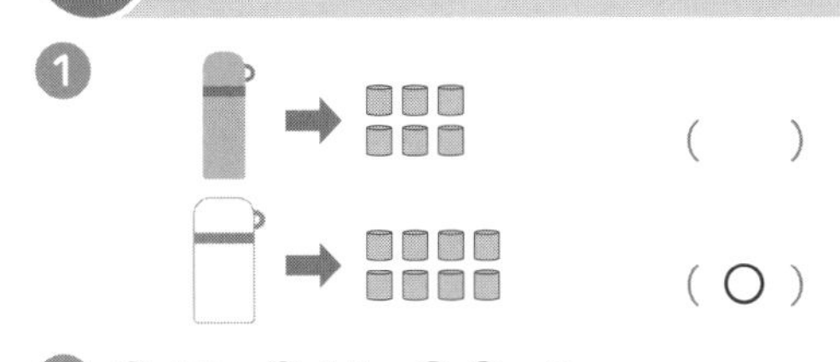

❷ 
①12　②15　③㋑・3

❸
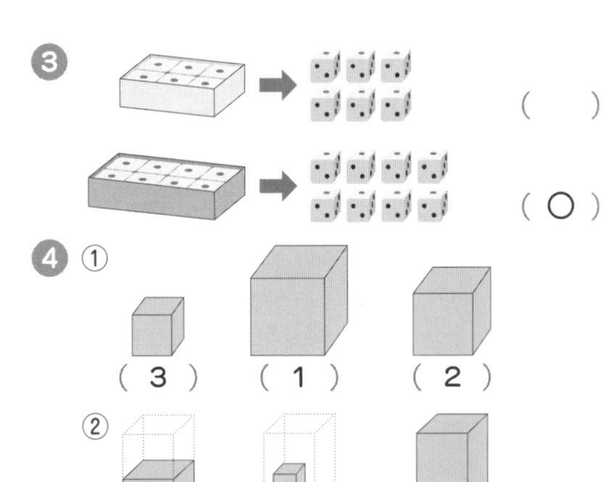

52・53ページ

25 かさの たんい①

❶ ①4 ②7 ③10
❷ ①3 ②8 ③5
❸ ①あ・1 ②う・2
❹ ①しろくま・2 ②青・3

54・55ページ

26 かさの たんい②

❶ ①4 ②6 ③8
❷ ①5 ②1 ③3
❸ ①1・3 ②3・5 ③2・7
❹ ①水色・5 ②青・1

56・57ページ

27 かさの たんい③

❶ ①100 ②10 ③70 ④150
❷ あ・50
❸ ①200 ②500 ③1000 ④1300
❹ ①しろくま・100 ②とんかつ・200

58・59ページ

28 かさの たんい④

❶ mL ➡ 1000 mL
dL ➡ 10 dL
❷ ①30 ②80 ③12 ④46
⑤5 ⑥2 ⑦2・3 ⑧8・8

❸ ①200 ②3000 ③3
④2 ⑤55・9 ⑥5・50
⑦5・5・5 ⑧8730

60・61ページ

29 かさの たし算

❶ ①3 ②7 ③4・2
④2・8 ⑤2・3 ⑥4・7
❷ ①4 ②7 ③8
④8 ⑤70 ⑥25
⑦1・7・1700
⑧3・9・3900
❸ ①（しき）200mL＋300mL＝500mL
（答え）500mL
②（しき）2L4dL＋2L2dL＝4L6dL
（答え）4L6dL

62・63ページ

30 かさの ひき算

❶ ①3 ②5 ③1・2
④2・3 ⑤2・2 ⑥1・6
❷ ①5 ②7 ③6
④5 ⑤80 ⑥15
⑦1・5・1500 ⑧6・2
❸ ①（しき）900mL－400mL＝500mL
（答え）500mL
②（しき）1L9dL－7dL＝1L2dL
（答え）1L2dL

64・65ページ

31 数を 分かりやすく あらわす

❶ ひょう

たびおかの 色	水色	黄色	ピンク
たびおかの 数	5	7	8

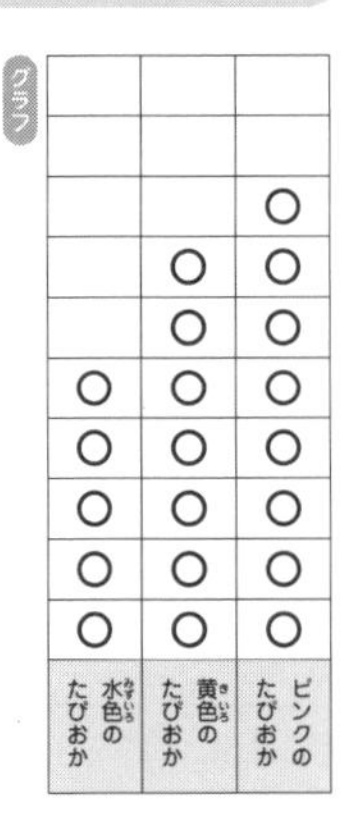

2 ひょう

どうぶつの しゅるい	うさぎ	りす	ぶた	ねこ
どうぶつの 数	8	7	5	6

※「どうぶつのしゅるい」の順番は同じでなくてもかまいません。

グラフ

○			
○	○		
○	○		○
○	○	○	○
○	○	○	○
○	○	○	○
○	○	○	○
○	○	○	○
うさぎ	りす	ぶた	ねこ

3 ① うさぎ　② ぶた

66・67ページ

32 まとめの　テスト①

1

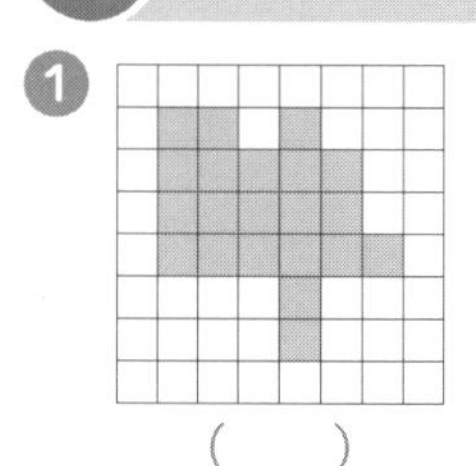

（　）

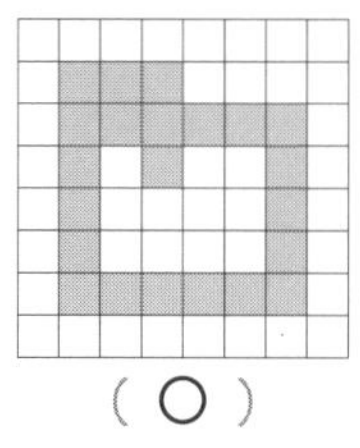

（○）

2 ① 2　② 6　③ 10

3 ① 4　② 7　③ 6
④ 12　⑤ 22・90　⑥ 12・30

4 ①（しき）120cm＋60cm＝180cm
（答え）180→1・80
②（しき）210cm−70cm＝140cm
（答え）140→1・40

68・69ページ

33 まとめの　テスト②

1

① 

② 

③ 

④ 

⑤ 

2 ① 6　② 2　③ 8・15　④ 9・45

3 ① 2　② 4　③ 8

4 れい

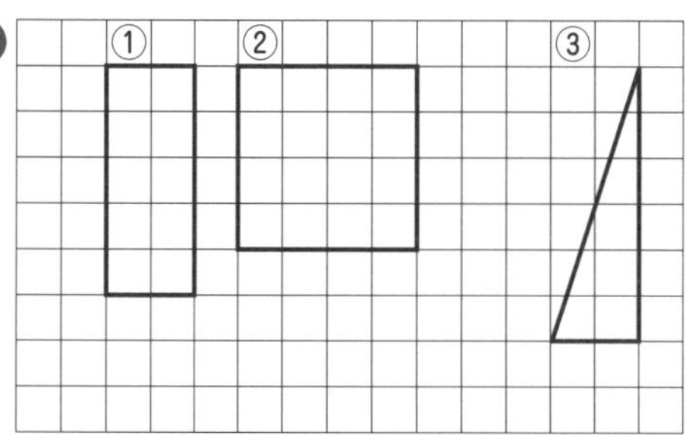

70・71ページ

34 まとめの　テスト③

1 れい

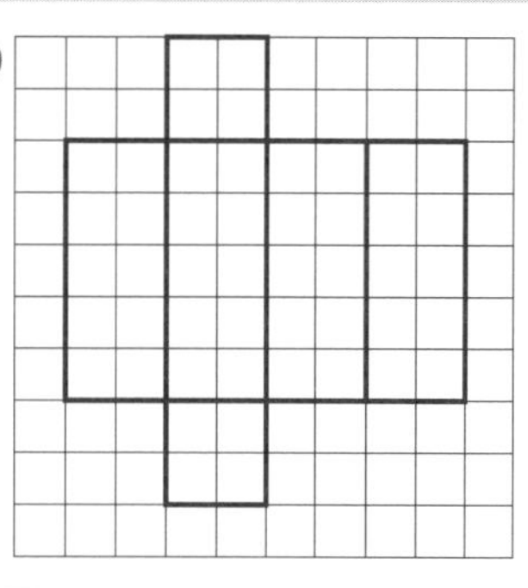

2 ①（1）（3）（2）
②（2）（3）（1）

3 ① とんかつ・3　② 黄色・1・3
③ しろくま・400

4 ① 50　② 3　③ 300　④ 2000
⑤ 6・50　⑥ 3・3・3

72・73ページ

35 まとめの　テスト④

1 ① 9　② 16　③ 7　④ 9
⑤ 40　⑥ 65　⑦ 5・5

2 ① 6　② 8　③ 7　④ 8
⑤ 30　⑥ 60　⑦ 3・3

3 ひょう

やさいの しゅるい	トマト	にんじん	ピーマン	きゅうり
やさいの 数	10	7	6	8

※「野さいのしゅるい」の順番は同じでなくてもかまいません。

グラフ

○			
○			
○			○
○	○		○
○	○	○	○
○	○	○	○
○	○	○	○
○	○	○	○
○	○	○	○
○	○	○	○
トマト	にんじん	ピーマン	きゅうり

4 ① トマト　② ピーマン

すみっコぐらし 小学1・2年のたんい・ずけい総復習ドリル

監　修　卯月啓子
編集人　青木英衣子
発行人　殿塚郁夫
発行所　株式会社主婦と生活社
〒104-8357 東京都中央区京橋3－5－7
https://www.shufu.co.jp/
編集部　☎03-3563-5211
販売部　☎03-3563-5121
生産部　☎03-3563-5125
印刷・製本　大日本印刷株式会社
製版所　株式会社 二葉企画

ISBN978-4-391-16191-5

装丁● bright right
編集協力● 株式会社 日本レキシコ
本文デザイン● ニシ工芸株式会社（山田マリア）
監修● サンエックス株式会社（清嶋光・長倉敦子）

株式会社 主婦と生活社
編集● 宇美涼花